U0047876

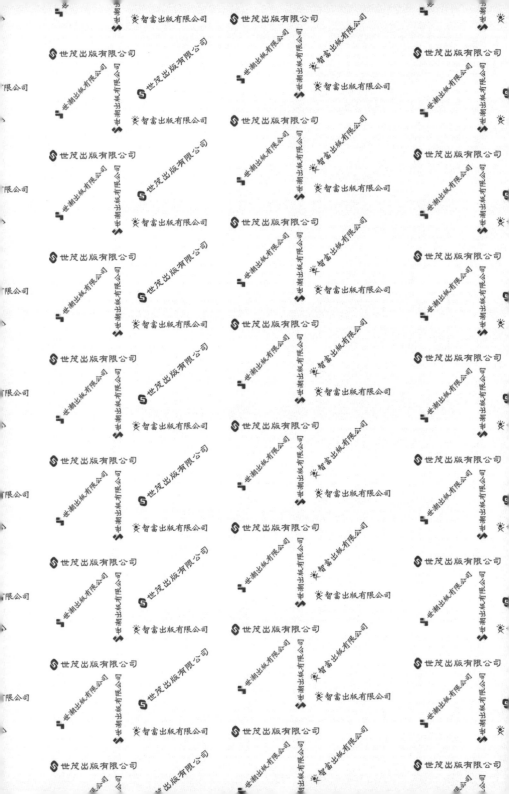

世茂出版有限公司
智富出版有限公司
世潮出版有限公司

3小時讀通

基礎機械製造

還有3D印
表機喔！

門田和雄◎著

國立台灣大學機械工程系副教授　蔡曜陽◎審訂

衛宮紘◎譯

序

　　本書為學過機械設計已明確有自己想製作東西的人，收錄了將材料加工成型所需的相關機械製造作業知識。在不斷摸索製造試作品的試讀學習中，或者想要製造自己原創的作品時，從事過機械設計的人大多會親自操作機械來作業。

　　另一方面，在需要大量生產時，從事機械設計者和機械製造者有著諸多不同點。再者，委託外包時，從事機械製造的人在進行加工時，大多不曉得自己製作的部件用於哪部機器的什麼地方。

　　本書為學過機械設計的初學者在進階學習機械製造之前，統整了所需的機械製造基礎事項。

　　首先會從「開始機械製造」概略說明機械製造，接著依手工作業、塑性加工、切削加工、磨粒加工、熔接、鑄造的順序，解說金屬加工的基本。除此之外，本書也收錄運用數值控制的數控工具機、產業用機械手臂，以及用於大量生產的模具，並加入近年來蔚為話題的雷射加工機、3D印表機等數位製造，將身邊的工業製品生產時，所需的金屬加工、樹脂加工等基礎知識集於本書。

過去，一般民眾沒有可進行塑性加工、切削加工金屬的場所，但日本最近只要接受一定時數的講習，便能正式從事金屬加工的場所不斷增加，地方工廠也導入各式各樣的工具機，有些地區還提供參觀學習及個人製作物品的場所。

機械男

電子女

技術教授

近年來，利用上述場所製造自己原創作品或生產過去礙於成本難以實現的物品等事例不斷增加。雖然無論何種情況皆是以「想要製作這樣的東西！」的強烈感覺為大前提，只要具備相關的機械製造知識與技能，任何人都能製作出試作品。

　　讀完本書，理解機械製造的概要之後，建議讀者走訪相關設施，實際體驗製作物品。若在完成試作品，沒有足夠資金量產，可以利用網路進行群眾募資（Crowdfunding），往後發展成以製造創業的個人廠商。當然，雖說是個人廠商，但技術面、資金面等仍需各方支援，並非完全單獨一人從事製造。

　　搭配前作《3小時讀通基礎機械設計》，再利用本書統整的機械製造基本事項，可進一步在實際製作物品上帶來幫助。若能幫到秉持「Do it with others」精神，投入製造行列的各位讀者，這將是我最高的榮幸。

門田和雄

CONTENTS

CONTENTS

第1章
開始機械製造

在瞬息萬變的現代，製作物品也出現巨大的轉變。在這樣變動的時代下，本章將討論從事「機械操作」所需要的相關知識。

什麼是機械製造？

⬡ 機械製造是將設計的物件具體實現化的知識作業

　　機械乃「供給某種能量後，運作特定的機構，有效率地執行某樣工作」的機具。運用機械工程的知識完成機械的設計後，接著進入具體實現化的製造作業。

　　所謂的具體實現化，是**依照前階段設計作業的設計圖，選定適當的材料，作成適切的形狀**。因為機械裝載了諸多零件，我們也需檢討各機械零件的製造。其中，最大的問題是：「應該從何著手？」

　　例如，欲以鋼鐵材料製作某機械時，應該不會有人從採取鐵礦、煉鐵開始作業吧？另外，完成設計的機械上，還需使用常見的機械要素**螺絲、齒輪**，但應該鮮少有人會從螺絲、齒輪的製作著手吧？那麼，「製造」到底該從什麼地方開始呢？

　　以金屬製造來說，「購入金屬棒、金屬板後，執行折彎或者切削，加工成符合零件的設計形狀！」這樣說也許讓人有「確實如此」的感覺。

　　當然，因應不同的情況，有時需從高溫熔化金屬，使其液化後才能開始作業。那麼，製造的材料若不是金屬而是塑膠的話，情況又是如何呢？

　　根據前作《3小時讀通基礎機械設計》中的設計方法、材料選用，本書將針對材料的加工方式，說明**製造上的知識作業**。

◗ 數位製造改變了製造作業

在工業產品的大量生產上，設計者與製造者通常不為同一人。將設計圖交給製造者之前的作業，是設計者的工作；依照設計圖進行製造，是製造者的工作。當然，汽車、飛機等難由一個人完成，如此高度複雜的物件會採取分工的方式製造。

另一方面，自己僅欲生產一件需要的物件，或者少數人團體欲製造試作品的場合，其相關人士需熟習設計與製造雙方面的知識。隨著近年來蔚為話題的**數位製造**（Digital application software）興起，愈來愈多人投入製造的行列。過去單打獨鬥難以製造的物件，藉由活用**數控工具機**，變得相對容易實現。

雖說如此，但數位工具機並非萬能。在製造過程中，還是會遇到需用鋸子切斷、銼刀削鑿等情況。從基礎學起機械製造，了解周遭物品的製作方式之後，將這份知識、經驗運用於製造作業，可提升自身的技能。

接下來，讓我們透過物品製造工科大學的校園學習，深入了解機械製造吧。

圖1　物品製造工科大學的外觀

你好！我是主修機械的大二學生，機械男。我很喜歡製造東西，正在學習多種知識。我並不討厭理論喔！你問我比較喜歡理論還是實務嗎？我還是比較喜歡實際操作，來製作具體且會動的機械！因為這當中充滿機械帶來的樂趣啊。我和同班的同學一起參加機器人研究社，而我主要負責機械設計，目前正要學習微電腦控制，還請多多指教。

機械男

電子女

你好！我是主修電子的大二學生，電子女。我非常喜愛跟電有關的知識，也學過電子迴路和電磁學。我想將所學的技術運用在實際的物品製造，而試著做出多種實用的物品。我雖然和機械男一樣加入機器人研究社，但還是初學者。未來我想學微電腦控制，並在機器人身上搭載聲音與燈光功能，請多多指教。

今天，大二的導師要學生聚集在大講堂，準備說明二年級的課程內容。大一所學的數學與物理等科目，是為了大二正式學習機械工程而準備的基礎科目，所以要認真學習。此外，一年級每週會有一次基礎的實驗與實習課程，必須穿白色工作服專心學習，同時訓練寫報告的技巧。學生們從二年級開始要更正式地學習機械和電子等專業科目，所以機械男和電子女都興致勃勃，期待著這些課程。

技術教授

各位早安！我是技術推廣處的處長，是你們新學期的導師。本校身為工科大學，所編制的教學計畫不只重視理論，還特別重視實驗與實習，大二學生會正式學習專業的知識。本推廣處為了讓各位確實學習各種知識和技術，成為優秀的工程師，編了這一套教學計畫。接下來，請仔細聽說明，了解今後將要學習的課程，請多多指教。

從工具到機械

　　我們人類藉由製造**工具**，將各種石塊、木材、金屬等加工成必要的形狀。

　　例如，想在木材上挖出直徑2mm的孔洞，我們會想到用**錐子**鑽鑿。然而，如欲正確鑽出複數孔洞的時候，有些人不使用錐子而選用手轉動的**手鑽**（hand drill）。若嫌手鑽費力，也有人會選擇電動式的**電鑽**（electric drill）吧。

　　若覺得支撐電鑽在想要的位置鑽孔費事，也有人會選用**檯式鑽床**（bench drill）。若眼睛看著檯式鑽床上孔洞位置感到吃力，有些人甚至會使用**數值控制（NC）工具機**。若材質為木材時，鑽孔式工具機足以應付；但若為金屬薄板，衝孔式的工具機更利於作業。

錐子

手鑽

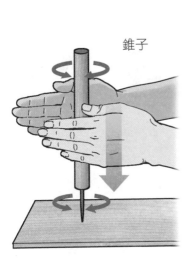

機械的操作基本上是回轉運動。

圖1　鑿洞的工具

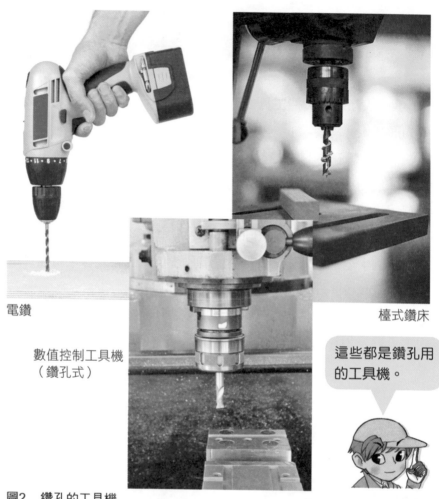

電鑽

檯式鑽床

數值控制工具機
（鑽孔式）

這些都是鑽孔用
的工具機。

圖2　鑽孔的工具機

　　如上述，光是在材料上鑿洞，就有這麼多加工器具、機械。若只知道手搓錐子鑿洞的話，能處理的工作範疇則會受到侷限。另一方面，雖然已有精密的數控工具機，但不表示電鑽、手鑽派不上用場，各種工具都有其適用的地方。

　　「學習加工」是從**了解各種材料的加工方法**開始學起。但是，若僅停留在此階段，如同「了解烹飪方法卻做不出菜餚」，還無法實際從事加工。

　　如欲確實學會加工，需要**實地訓練**，自己實際動手操作學習工具、工具機。其中，有的技能經過數小時的訓練就能學會，有的得花上5年、10年等長時間才能習得。

　　本書將會介紹基本的工具、工具機如何實際操作，對於高精密的工具機，不會馬上介紹如何使用，而是針對加工方式進行說明。

　　工具機的功能是正確、有效率地生產精密且複雜的零件。所有的機械、零件都是由工具機製造出來，工具機是**製造機械的設備**，又稱為**工作母機**（mother machine）。

　　根據**日本工業規格**（JIS），工具機定義為：「主要針對金屬工件，利用切削、研磨或者電力等能量，去除不必要的部份，製成所定形狀的機械，但不包含操作需以手持維持、裝設磁架固定的機具。就其狹義而言，尤指金屬切削工具機。」這樣的描述顯得生硬，換成更簡單的說法：就其廣義而言，工具機是**利用切削、磨削、剪切、鍛造、壓延等方法，將金屬、木材等材料製成所需形狀的機械**。

3 不可或缺的測量技術

長度單位以mm表示。

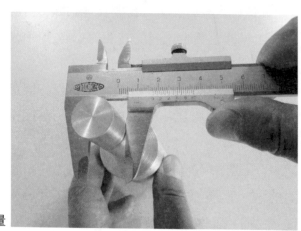

圖3　長度的測量

　　作為判斷製造是否確實的指標，可看加工是否符合所定的尺寸。當然，肉眼難以精準確認尺寸，所以我們會使用**測量儀器**。例如，事前設計「某零件特定部分的尺寸為10mm」，利用某方法製作成接近10mm時，我們該如何確認其尺寸為10mm呢？

　　在實際的製造現場，雖然設定10mm為**基準尺寸**，但實際上無法加工到完全相同的尺寸，我們不知道精準度應到10mm尺寸的小數點下第幾位數。9.9mm可以、10.01mm不行等等，作業時需明確規定容許範圍。因此，我們一般會規定，相對基準尺寸所容許最大值的**最大容許尺寸**，與最小值的**最小容許尺寸**，兩者的差值稱為**尺寸公差**（size tolerance）。

　　零件圖上沒有任何標示的場合，一般會採取**通用公差**（general tolerance），以基準尺寸為中心，對正方面（較大）與負方面（較小）取相同的**尺寸公差**。例如，長度10mm的精級（JIS普通公差等級的最高級），容許差為±0.1mm，不論正負，只要在容許範圍內就可以了。

❽ 游標卡尺

　　游標卡尺是測量長度時常用的測量儀器，可測量物體的內徑、外徑以及孔洞深度，精密度達0.05mm。

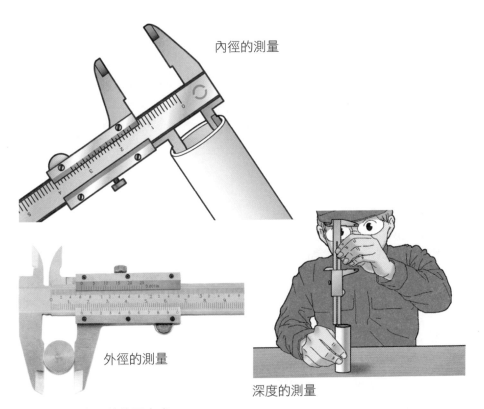

內徑的測量

外徑的測量

深度的測量

圖4　游標卡尺的使用方式

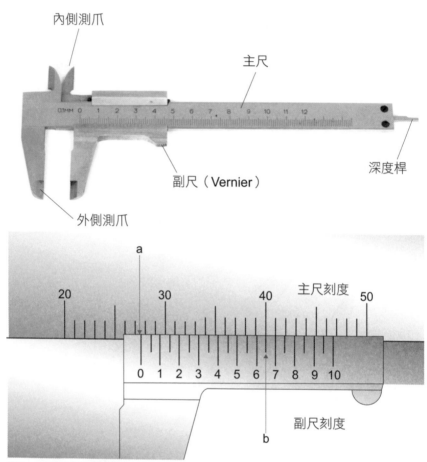

圖5 游標卡尺的讀取方式

以上圖為例，先讀取副尺0刻度a點的主尺數值27mm，接著尋找主副尺刻度相重疊的位置（上圖的b點），讀取副尺數值0.65mm，求得27＋0.65＝27.65（mm）。

⊗ 測微器

　　測微器（micrometer）可測量到0.01mm的長度，多用於測量比游標尺更精密的需求。操作時轉動微調旋鈕，直到發出「喀、喀」聲響，表示測量壓力為一定。

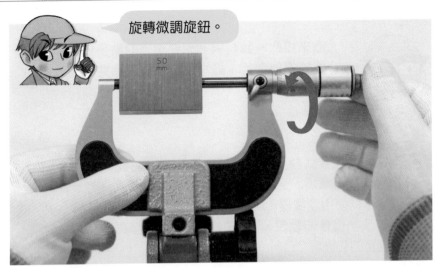

旋轉微調旋鈕。

圖6 測微器的使用方式

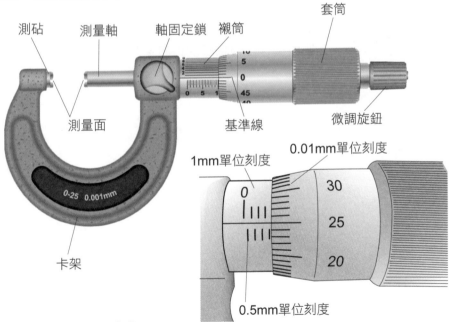

測砧　　測量軸　　軸固定鎖　襯筒　　　　　　　套筒

測量面　　　　　　　基準線　　　微調旋鈕

卡架

0-25 0.001mm

1mm單位刻度　　　0.01mm單位刻度

0.5mm單位刻度

圖7 測微器的讀取方式
以上圖為例，先讀取襯筒上部的刻度數值3mm，接著讀取襯筒下部的刻度數值0.5mm，相加得3.5mm，然後讀取套筒上的刻度數值0.25mm，求得最終測量值為3.5＋0.25＝3.75（mm）。

原來如此～我有很多想要嘗試的點子，但卻不知道該如何進行，這讓我重新意識到知識和技術的不足。

我也是…本來我就缺少實際經驗，製作東西時要求1mm都覺得麻煩，更不用說精確到0.01mm了，沒想到可以使用測微器（0.01mm）來測量，真是太厲害了。但仔細想想，現在的工具機不是都有自動測量的功能嗎？

當然，是這樣沒錯。但是，我也聽過不論工具機如何發達，但關鍵的地方還是不可欠缺徒手操作人。

是喔～我還以為工具機是萬能的，其實並非如此啊。我本來就喜歡動手製作東西，除了知識之外，我也想要學會製造的技能。

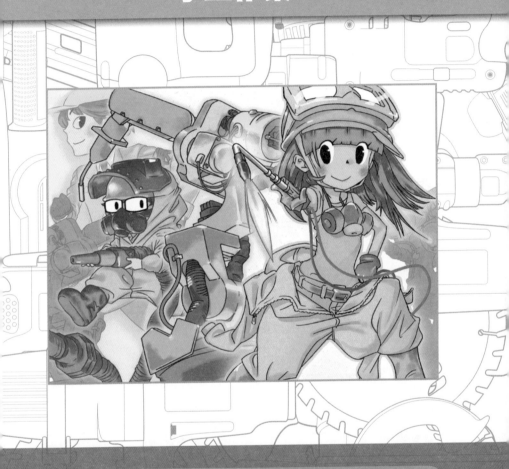

製作物件的基本是親手以工具進行作業的「手工作業」。
首先，重要的是了解自己的手能夠做到什麼程度，學會必
要的相關技能。即便使用精密的工具機，還是有很多情況
需要手工作業。雖然手工作業屬土法煉鋼，卻非常重要。
讓我們來學習手工作業的基本吧！

劃線

　　使用工具進行**手工作業**時，需先決定切斷、折彎、鑿洞材料的位置，起初需以**鋼尺**、**劃線針**和**劃線圓規**來劃線。順便一提，劃線的語源是「劃格子（罫書き）」。

作業1

①為使劃線明顯，請使用奇異筆或者劃線用墨水，於欲劃線部份上塗藍漆，待乾燥後再開始劃線。

②劃線針與作業面呈約60度角，以針頭沿著鋼尺與工件交接處移動劃線針。

③需要劃圓的場合，改以劃線圓規。

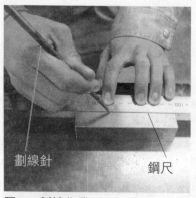

劃線針

鋼尺

圖1　劃線作業

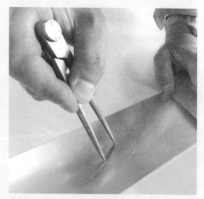

劃圓需使用劃線圓規

順便一提，在進行劃線、測量時，我們會在作為基準水平面的**平面台**上作業。

圖2　平面台是水平的作業檯
　　　箱型板金用平面台
（圖片提供：大西測量股份公司）

如欲在圓棒的中心鑿洞，需先執行**定心**（centering）作業決定中心位置。此時，除了劃線針之外，還需要用到**V形塊**、**平面規**、**中心衝**、**鐵鎚**等工具。

作業2

①將V形塊置於平面台上，把工件嵌入V型槽後使用平面規劃線，旋轉90度再劃線一次。

工件

平面規　　V形塊
圖3　定心作業

②垂直中心衝於劃線交點上，先以鐵鎚輕敲使中心點凹陷，再重敲鑿出孔洞。

鐵鎚

敲擊中心點

中心衝

虎鉗

圖4　衝孔作業的關鍵在於決定圓形的中心

切斷

接著，我們來討論如何沿著劃線切斷棒材、板材。

作業3

①棒材

將金屬圓棒、角棒以虎鉗固定後，使用弓鋸切斷。切截木材的拉鋸是以拉壓來切斷，切斷金屬時則以推壓來切斷。

圖5　切斷圓棒

②板材

薄金屬板是以金屬剪鉗切斷。如欲剪切直線時，使用直刃剪鉗；如欲剪切曲線時，使用曲刃剪鉗。

圖6　切斷板材

薄金屬板使用金屬剪鉗切斷

③腳踏剪板機

如欲直線切斷金屬剪鉗難以切斷的厚金屬板，可用**腳踏剪板機**，將工件置於兩刀刃間，以腳踏方式切斷金屬板。

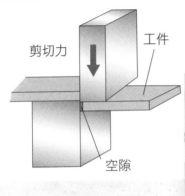

圖7　使用腳踏剪板機

材料的切斷面有時會出現不要的突起**毛邊（burr）**，可用**毛邊去除器**切除。

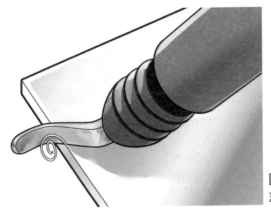

毛邊去除器非常方便！

圖8　使用去除毛邊的專用工具

折彎

金屬的圓棒、管子、板材，可用下述方法進行折彎加工。

作業4

①折彎棒材

如欲折彎金屬棒、管，直徑不粗大的棒管可直接徒手折彎，直徑粗大的則需用各種折彎機械，進行機械折彎。如果金屬管可能在折彎處斷裂，可先裝填沙土再行加工。

②折彎板材

如欲折彎金屬板，較薄的金屬板容易折彎，可用虎鉗固定再以鐵鎚敲擊進行折彎加工。此時，為避免直接敲擊傷及材料，可置入木片等間接加工。另外，市面上也有專用的折彎加工機，以手動施力

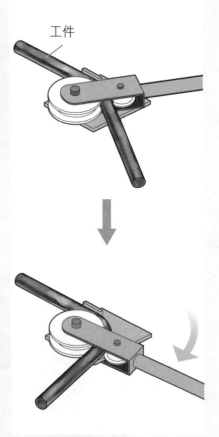

工件

圖9　折彎加工棒材

於斷面的方式進行折彎加工。

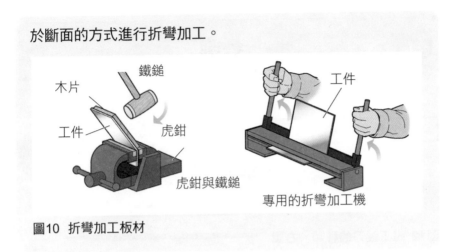

圖10　折彎加工板材

　　遇到手工作業不易折彎的場合，可用具備油壓等外力輔助的折彎機械。折彎機械是將板材置於沖頭與模具間，折彎加工成模具的溝槽角度。此時，板材的沖頭側受到**壓力**，模具側受到**張力**。

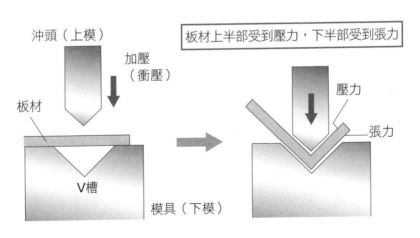

圖11　板材的折彎加工原理

銼削

各種形狀的銼刀

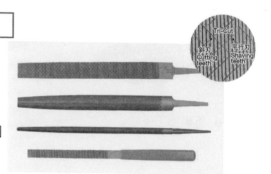

圖12 鐵工銼刀的種類。右圖為不鏽鋼（切削用）銼刀。
（圖片提供：TSUBOSAN股份公司）

　　如欲去除工件表面的凹凸、毛邊，可用**鐵工銼刀**。銼刀依紋路粗細分為粗目、中目、細目、極細目，依截面形狀分為平銼、半圓銼、圓銼、方銼、三角銼等種類。根據工件的材質、形狀以及作業內容，區分使用不同種類的銼刀。

作業5

　　進行銼削作業時，先以虎鉗確實固定工件，選擇適合的銼刀種類之後，裝上木製把柄，一手持把柄、一手持銼刀頭端置於工件上推拉。操作時，除了夾緊兩腋、手腕施力之外，還需壓低腰部並移動膝蓋，運用身體的重心推拉銼刀。基本上，銼刀是推動時加工、拉回時懸空。狹窄的加工面採取**直銼法**；寬廣的加工面採取**斜銼法**，利用銼刀的整體寬幅進行作業。當刀刃累積過多**切屑**時，可用刷子除去。

直銼法　　　　　　　　　　斜銼法

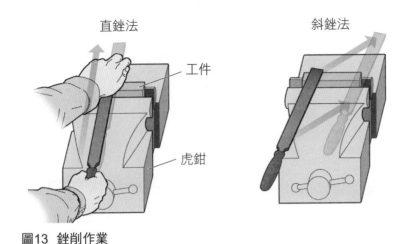

工件

虎鉗

圖13　銼削作業

鑿洞

如欲於工件上鑿洞加工，可用以旋轉鑽頭往軸方向挖鑿。根據工件的材質、形狀，區分使用**手鑽、電鑽、檯式鑽床**。

工件質地較為柔軟、位置不要求精確的場合，可用手動工具處理；而要求精確位置的場合，則使用檯式鑽床。

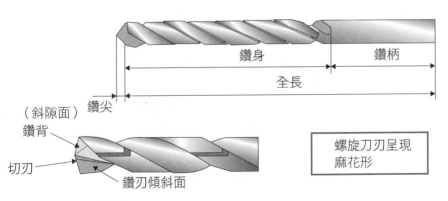

鑽身　　　　鑽柄

全長

（斜隙面）鑽尖

鑽背

切刃

鑽刃傾斜面

螺旋刀刃呈現
麻花形

圖14　鑽頭的構造

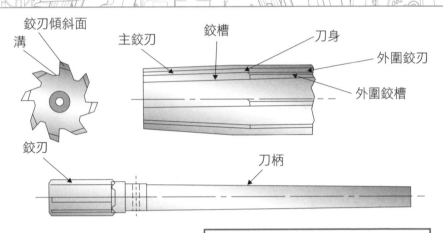

溝　鉸刃傾斜面　主鉸刃　鉸槽　刀身　外圍鉸刃　外圍鉸槽

鉸刃　刀柄

圖15　鉸刀的構造　｜　使用鉸刀可得到精確的孔徑尺寸

　　要求準確孔洞直徑（孔徑）的場合，使用鑽頭鑿洞之後，尚需以**鉸刀**（reamer）加工。使用鉸刀可得到精確的孔徑尺寸，使內面光平。

作業6

①檯式鑽床是藉鑽頭、鉸刀的回轉與上下運動，進行鑿洞作業的代表性工具機。根據工件調整回轉速度，將工件固定於正確位置後，手動拉下控制桿執行鑽孔加工。

圖16　鑽床作業　　　（圖片提供：JMC）

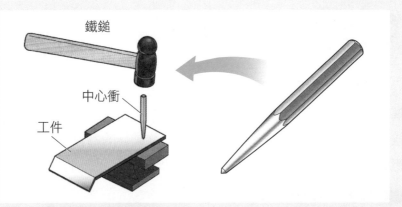

圖17　先敲擊中心衝使目標點凹陷。

②為使鑽頭的位置與工件的目標點吻合，通常會先以中心衝敲擊工件使其凹陷。

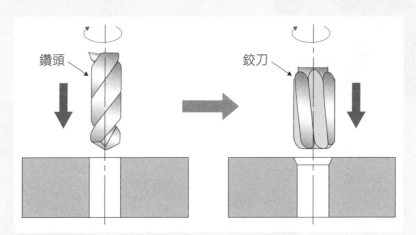

圖18　鑽頭與鉸刀

③使用檯式鑽床作業時，請勿移動加工中的工件。特別是薄板可能像飛鏢一樣飛出，請勿慌張退回控制桿，而應反向操作，拉下控制桿後再切斷電源，以防工件亂飛。

攻螺紋

在工件上製作螺紋稱為**攻螺紋**。用於圓筒形的棒、管上製作外螺紋的工具，稱為**螺絲模**（screw die）；用於孔洞內側製作內螺紋的工具，稱為**螺絲攻**（tap）。選定欲製作的螺紋直徑、螺牙間距的螺距將螺絲模或螺絲攻與對應的板手組裝進行作業。

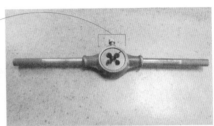

圖19　螺絲模（左）與螺絲模板手（上）

圖20　螺絲攻（上）與螺絲攻板手（左）

作業7

進行螺絲模作業時，先以虎鉗垂直固定工件，將螺絲模組裝於對應的板手後，對正至工件上，對板手左右均等施力，保持螺絲模呈水平，緩慢順時針轉動直到螺絲模咬合工件。螺絲模開始製作螺紋時，每轉1～2圈需回轉約

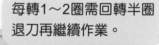

每轉1～2圈需回轉半圈退刀再繼續作業。

圖21　螺絲模作業

半圈退刀再繼續作業。螺絲模堆積切屑時，請適當去除後再進行作業。

作業8

進行螺絲攻作業時，先以虎鉗固定工件，使導孔垂直。將螺絲攻對入導孔，輕壓板手緩慢順時針旋轉。當螺絲攻開始進入導孔製作內螺紋時，每轉1～2圈需回轉約半圈退刀再繼續作業。螺絲攻又分為粗刻的第一攻螺絲攻

每轉1～2圈需回轉半圈退刀再繼續作業。

圖22　螺絲攻作業

（Taper tap）、第二次刻紋的第二攻螺絲攻（Plug tap）和最後精刻的第三攻螺絲攻（Boffoming tap）三種。

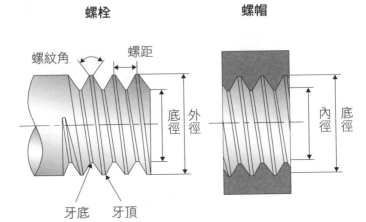

螺栓　　　　　　　　　螺帽

螺紋角　　螺距

底徑　外徑

內徑　底徑

牙底　　牙頂

圖23　螺栓與螺帽

螺栓的外徑與螺帽的底徑相同。

　　在開始螺絲攻作業之前，需先利用鑽床等加工導孔。外螺紋有外徑與底徑；內螺紋有內徑與底徑，表示螺絲大小的標稱直徑（nominal diameter），分別對應外螺紋的外徑與內螺紋的底徑。以公制螺紋來說，標稱直徑6mm的螺絲會標記為「M6」。

　　初學者常犯的錯誤是，欲製作直徑6mm的螺帽，便直接開鑿直徑6mm的導孔，但這是螺絲的外徑，結果孔徑過大而加工不出牙頂。

　　如欲以螺絲攻製作標稱直徑6mm的螺帽，導孔的直徑需小於6mm，一般導孔直徑為螺絲的標稱直徑減去螺距，對應的計算結果如**圖24**所示。其中，螺距為牙頂與牙頂的間隔，根據不同的標稱直徑，有數種不同的尺寸規定。例如，如欲製作M6螺帽，導孔徑應為6.0－1.0＝5.0（mm）。

螺絲的標稱直徑	螺距（mm）	導孔徑（mm）
M3	0.5	2.5
M4	0.7	3.3
M5	0.8	4.2
M6	1.0	5.0

圖24　切削螺絲攻的導孔徑（切削螺絲攻的導孔徑＝螺絲的標稱直徑－螺距）

光是手工作業就有這麼多種類，我得趕緊記熟才行！

嘛，不需要這麼緊張啦，一步一腳印學起來吧。

的確。之前有過操之過急的失敗經驗，這次得小心點才是。

進行作業時，也要注意別受傷喔！

腳踏風箱煉鐵

1901（明治34）年，東洋第一所近代最大的生鐵一貫煉鐵廠——官營八幡煉鐵廠開工。生鐵一貫煉鐵廠是，鐵礦石中的鐵還原後，進一步加工鋼板、鋼管、型鋼、棒鋼、鋅鐵板等最終製品的煉鐵工廠。

日本於17世紀末到18世紀初完成煉鐵製法，中國地區直到幕府末期1850年代，普及一種稱為腳踏風箱煉鐵的煉鐵技術。腳踏風箱煉鐵是在黏土建成的煉爐裡添加鐵礦砂與木炭，利用風箱送風吹燃木炭，使鐵礦砂分解、還原進而煉製鋼鐵的方法。日夜不停地燃燒，鐵爐底部偶爾能夠採取稱為「鉧」的鋼塊。鉧可進一步煉製被稱為和鋼或玉鋼的優質鋼鐵。

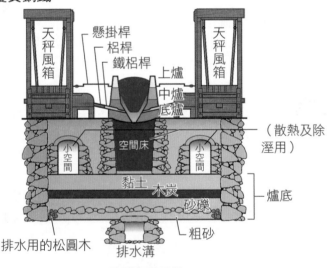

天秤風箱
懸掛桿
桰桿
鐵桰桿
上爐
中爐
底爐
天秤風箱
（散熱及除溼用）
小空間
空間床
小空間
黏土
木炭
砂礫
爐底
排水用的松圓木
排水溝
粗砂

腳踏風箱煉爐

第3章
塑性加工

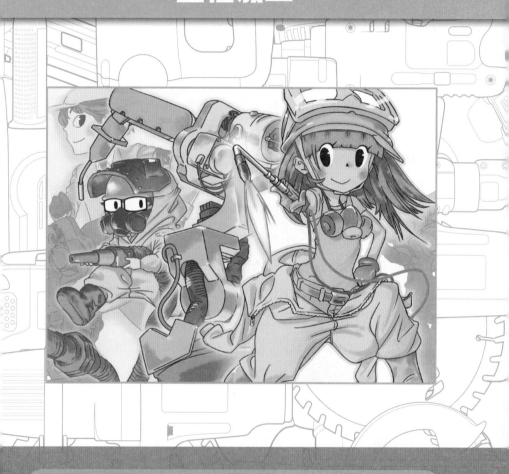

金屬具有塑性性質，受到一定程度以上的外力變形，移去外力仍殘留變形後的形狀。利用塑性變形，我們可折彎、切斷金屬，也能作成螺絲。本章我們將具體學習各種塑性加工。

彈性與塑性

抓住金屬棒兩端施加張力負載，小於某程度負載仍可復原的性質稱為**彈性變形**。這與彈簧受力變形後復原是相同的原理。然而，當施力超過某限度，移去外力後無法復原的性質，則為**塑性變形**。彈簧受力某程度以上的外力後無法回復原來長度，此現象同樣也會發生在折彎金屬板上。

因此，若在折彎時未施予達到塑性變形的外力，需注意移除外力後，受力物回復一部分變形，會發生**回彈**（springback）的現象。

構造設計需檢討各材料所受到外力，不得超過彈性變形的界限，而機械製造則需對工件施予達到塑性變形程度的負載。利用塑性變形的製造法稱為**塑性加工**，不同於後述的**切削加工**會產生切屑，塑性加工的加工時間較短，具有經濟上的優勢。

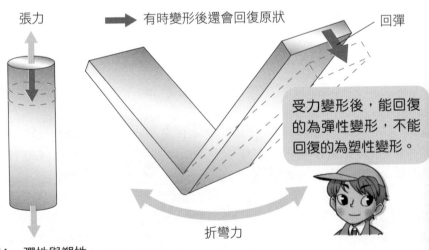

張力　　　　有時變形後還會回復原狀　　　　　回彈

受力變形後，能回復的為彈性變形，不能回復的為塑性變形。

折彎力

圖1　彈性與塑性

　　塑性變形的過程中，因金屬結晶滑動，造成結晶扭曲，因而增加本身硬度的現象稱為**加工硬化**。此時，雖然硬度、強度增加，但金屬變得不易延展、脆硬，所以需再加熱至一定的溫度，增加其硬度、延展性。此過程稱為**再結晶**，塑性加工分為加熱至再結晶溫度以上進行加工的**熱加工**，與再結晶溫度以下進行加工的**冷加工**。

　　熱加工是將鋼鐵材料加溫至900～1200℃，加工性佳，適合大量生產。然而加熱時需要熱能，造成表面的平滑度劣於冷加工。此外，熱加工必須考慮冷卻過程的熱收縮，還得進行其它**後處理**。

　　冷加工是將鋼鐵材料降至低於720℃，多在常溫環境進行。由於加熱溫度低，能進行較為精密的加工，由於加工硬化也可增加硬度，適合薄板的加工。如欲進一步增加延展性，可再進行各種**熱處理**。

這就是「打鐵趁熱」！

圖2　熱加工
鐵加熱超過900℃時，會呈現亮橘色。

鍛造

以敲擊等方式對金屬施予外力，作成必要形狀的製造法稱為**鍛造**。一般常見的方法是，加熱至再結晶溫度以上的**熱鍛**（hot forging）。此種鍛造藉由敲擊消除金屬的內部孔隙，微細化結晶提升強度。不加熱而僅於常溫敲擊金屬的製造法，稱為**冷鍛**（cold forging）。冷鍛因無溫度上的變化，加工精密度較高，也有因加工硬化提升強度等優點。

自由鍛造（open dieforging）能製作成各種形狀，自古以來即用於日本刀等刀具製作。當時刀劍在強度上的優異，已有科學上的解釋。之後，為了大量生產同樣形狀的鍛造物，出現使用**模具**的**模鍛**（forging die）。為了施加巨大的外力進行鍛造，需使用大型的鍛造機具。

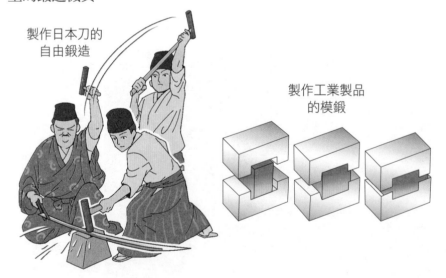

製作日本刀的
自由鍛造

製作工業製品
的模鍛

圖3　自由鍛造與模鍛

剪切加工

　　以剪刀切斷紙張時，刀刃於紙張截面施予相反方向的外力，稱為**剪切力**。金屬剪鉗切斷金屬也是同樣的原理。利用剪切力進行的加工，稱為**剪切加工**。

圖4　剪切力

　　遇到金屬剪鉗難以切斷的較厚金屬板，則需使用**剪切機**。剪切機又分為腳踏式與油壓式。

　　剪切機在日本又稱為「シェアリング（shearing）」，將欲切斷之金屬板置於刀刃模具與沖頭之間，以拉桿固定之後，腳踏踏板降下沖頭執行切斷。此時，根據材料的種類、板厚，沖頭與下模之間需設置些微的間隙（clearance），過大或過小都容易產生被稱為毛邊的突起或塌陷。

圖5　腳踏式剪切機

使用圓形沖頭，可做出如同在紙張使用打洞機般的圓孔。

間隙大小取得不適當的話，剪切面上金屬板的沖頭側會產生塌陷、模具側則會產生毛邊，需進行**事後加工**去除。

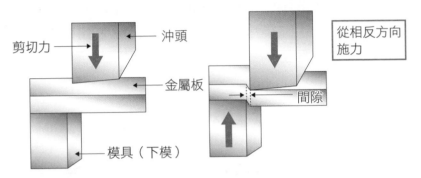

圖6　剪切機的原理

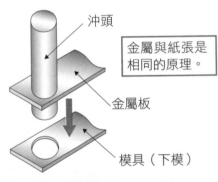

圖7　圓板的剪切

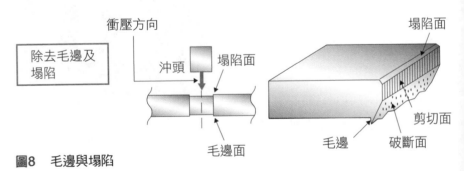

圖8　毛邊與塌陷

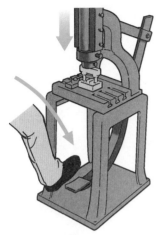

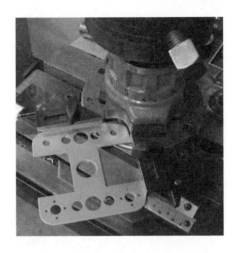

圖9　腳踏沖壓機

　　腳踏沖壓機是日本自古稱為「蹴飛ばし」的工具機，使用圓形斷面的沖頭打洞，能將工件的末端作成圓形，也能依沖頭的形狀進行不同的剪切加工。

　　如需更大的剪切力，則可以改用油壓式剪切機。

圖10　油壓式剪切機
　　　ESH系列 Excellent Shear　　　　　　　　　　（圖片提供：AMADA）

使用沖頭沖孔加工時，位置的決定非常重要。如欲在指定的位置開沖壓複數孔洞，以數值控制決定金屬板上沖孔位置的**數控沖孔機**就相當便利。

組合數種不同的圓形、方形沖頭，可打出複雜的形狀。將這些沖頭配置在**轉塔（turret）**的扇形台座，以數值控制沖孔的工具機，稱為**數控轉塔沖孔機**。被沖出孔洞的工件，若事先預設微小的間隙，便能夠呈現未完全切離的連結狀態。

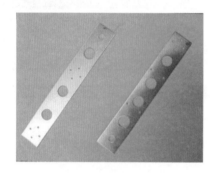

圖11 數控轉塔沖孔機EM-ZR系列
全自動沖孔複合機 　　　　　　　　　　　　　（圖片提供：AMADA）

沖頭的配置圖

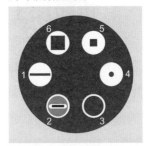

組合不同形狀的沖頭，可打出複雜的形狀。

圖12 使用數控轉塔沖孔機加工

組合不同形狀的沖頭，就能在同一片金屬板上製作複雜的零件囉！

沒錯。若將平面的金屬板折彎90度，還能作出立體的零件，真的很有趣。學校有好多便利的工具機喔！

我要認真學習，作出更多不一樣的東西！

折彎加工

將金屬板、棒、管折彎成各種角度的作業，稱為**折彎加工**。經由剪切加工的沖孔零件，多會再以折彎加工製成立體物。

如不講究精密度的薄板折彎加工，可將薄板置於某物上，再以鐵鎚敲擊成形；如欲提高精密度、加工需巨大外力的場合，則改以折彎加工的工具機。

折彎板材與剪切加工相同，先將工件置於沖頭與模具之間，先以手動或者油壓等方式施予外力，將沖頭降至目標位置與工件接觸後，進一步施加外力壓進模具中，折彎工件。

一般需注意的是，折彎加工時，沒有變形的是工件上的中立軸，因其內側受到壓力作用、外側受到張力作用。另外，若施力大小不足、作用時間過短的話，需注意回彈現象。

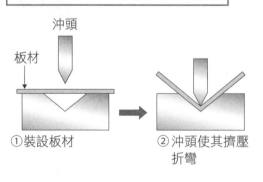

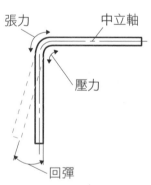

圖13　折彎加工

　　操作折彎板金的機械時，需選擇適合工件大小的工具機，裝設適當形狀的沖頭與模板。

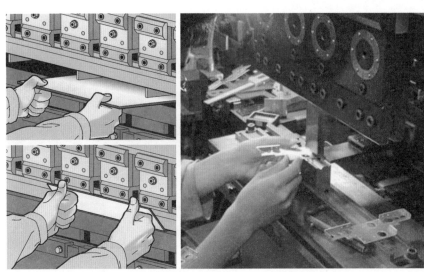

圖14　板金折彎機

　　在折彎加工可利用各種形狀的沖頭與模具，除了**V型折彎**之外，還可做出**U型折彎**及兩處同時彎折的**帽型折彎**。

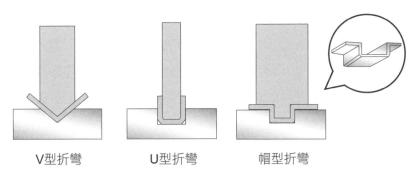

V型折彎　　　　U型折彎　　　　帽型折彎

圖15　各種板金折彎加工

其中，需分成兩階段製作的ㄈ型相當困難。ㄈ型底部窄短、兩端寬長，第一次折彎加工形成的尾端，會阻礙第二次的折彎加工，寬長板材的加工需搭配彎曲形狀的沖頭。

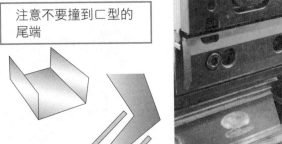

圖16　板材的ㄈ型折彎加工

接下來，我們來看板材捲筒的製造法。

捲筒機（bending roll）一般是由三條圓筒配置成三角形，將金屬板置入三筒之間，降下上方的圓筒施壓，藉旋轉圓筒連續折彎板材的工具機。板材的兩端在折彎開始與折彎結束皆難以彎折，會先以塑膠槌進行**兩端折彎**。如欲作成管狀，則需熔接兩端。

圓弧

管狀

一點點逐漸彎曲變形。

圖17　捲筒機的加工　　　　（圖片提供：Cosmotec）

　　接下來，我們來看將棒材、管材折彎的加工方法。

　　折彎機是，根據欲折彎的圓弧大小裝設圓形配件，再旋轉桿棒折彎加工成必要的角度。除了圓形之外，加工的棒材也可製成管形、方形等形狀。

根據欲折彎的圓弧大小選擇折彎用圓板。

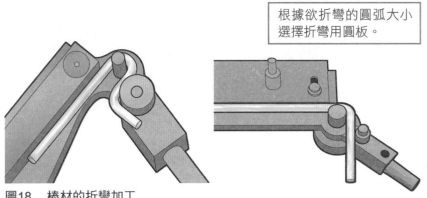

圖18　棒材的折彎加工

51

折彎管材的時候，折彎處可能發生斷裂。**彎管機**是專用於折彎管狀工件，能預防折彎處斷裂的工具機。彎管機分為手動式與油壓式，根據欲折彎直徑大小選用半圓配件，從中央進行折彎加工。

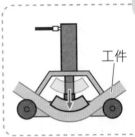

能夠預防折彎處斷裂進行折彎加工。

工件

圖19　彎管機

圖20　彎管機UNI 60 A
（圖片提供：EUROTEC）

　　此外，市面上也有**萬能折彎機**（universal bender），一台即能對應複數尺寸範圍，適用板材、棒材、管材的折彎加工。

引伸加工

金屬板以圓筒狀沖頭與模具施予剪切力，使板材順著沖頭嵌入模具，拉伸成容器狀的製造法，稱為**引伸加工**（drawing）或者**深引伸加工**（deep drawing）。

進行引伸加工時，先以**壓板**固定圓板狀的工件，再以沖頭將中央部份壓入模具成形。如欲大幅度的變形，為防止材料斷裂，可採取**再引伸**（redrawing）來反覆進行加工。

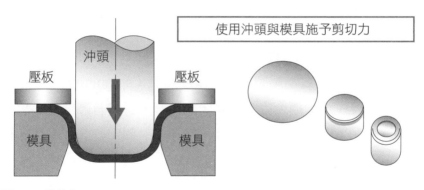

使用沖頭與模具施予剪切力

沖頭

壓板　　　　　壓板

模具　　　　　模具

圖21　引伸加工

引伸加工的製品多用於機械零件、電器零件的生產。我們身邊常見的例子還有飲料罐，由底部一體成形的罐身與附飲口的罐蓋兩部分構成，這種**兩片罐**（two-piece can）是經由多回合引伸加工成形。

之後，欲密封飲料罐時，需進行**二重捲封**（double seaming）的作業，將罐蓋的邊緣彎曲部份捲入罐身的凸緣，壓實接合確保其密封狀態。

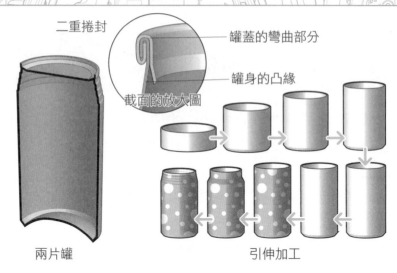

二重捲封　　　　　　　　　　　罐蓋的彎曲部分

罐身的凸緣

截面的放大圖

兩片罐　　　　　　　　　　　引伸加工

圖22　兩片罐的引伸加工與二重捲封

引伸加工中，還有一面使金屬圓板回轉，一面以「旋輥（vortex roll）」逐漸壓製變形的**旋壓加工**（spinning）。此加工不需沖頭與模具，適合少量生產，但作業人員需有高度的熟練技能。旋壓加工廣泛用於各種零件，從鍋子、照明器具等小型圓筒狀，到火箭前端、大型拋物面天線等。

成品

一點一點逐漸彎曲

圖23　旋壓引伸加工

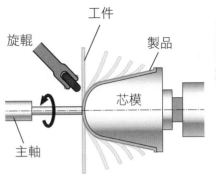

旋輥抵壓的部分發生變形

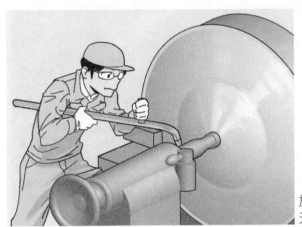

旋壓也適用大型拋物面
天線的加工

圖24 旋壓加工與其製品

沖壓加工

　　結合前面介紹的剪切加工、折彎加工、引伸加工的自動化加工，稱為**沖壓加工**。在大量生產的現場，會使用各種不同的沖壓機。能進行複數工程的衝壓機，會以專用的**機械手臂**將零件移往下一道工程，多用於車身的生產線等地方。

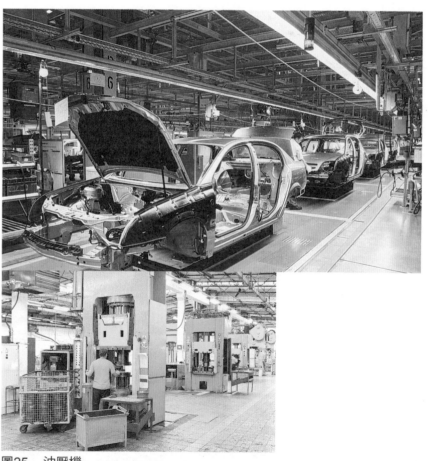

圖25　沖壓機

壓延加工

前面說明的加工法是針對板材、棒材的加工，但這些素材又是如何製造出來的呢？

在煉鐵廠，原料的鐵礦石經過**高爐**、**轉爐**等多道處理程序，精煉出**熔鋼**。連續鑄造設備利用冷卻過程，將熔鋼製成棒狀的**鋼坯**（billet）、**鋼條**（bloom）或者板狀的**鋼板**（slab）等。

壓延加工是，藉擠壓推延這些材料，改善延展強度等機械性質，製成更薄板、棒的製造法。連續鑄造設備的後工程中，會在高溫狀態下進行**熱壓延**；如欲製成輕薄、表面光滑的薄板，則採取**冷壓延**。

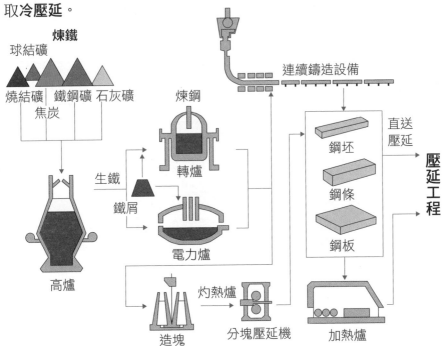

圖26　鋼鐵的製造工程

● 板材的壓延

　　壓延加工基本上是使用**兩輥壓延機**，在兩滾筒設置適當的間隙，壓延變形材料。一般來說，壓延後厚度相對於原板材厚度的斷面壓縮率，熱壓延約為40％、冷壓延約為20％。

　　冷壓延是在材料冷卻狀態進行作業，需要比熱壓延更大的外

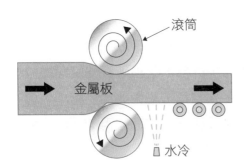

在滾筒間設置適當的間隙進行壓延。

圖27　兩輥壓延機（熱壓延）

冷壓延採取多輥壓延。

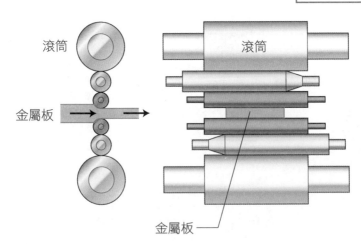

圖28　多輥壓延機

力。因此，冷壓延會使用複數滾筒構成的**多輥壓延機**，加工大單位面積的板材。

◉ 棒材的壓延

　　如欲作成不同斷面形狀的棒材，需使用棒狀的鋼坯。為接近欲作成的斷面形狀，鋼坯得通過複數滾筒，逐漸改變形狀。藉由不同的滾筒形狀，圓棒可製成V型鋼、I型鋼、H型鋼等。另外，火車軌道的軌條也是由此加工法製成。

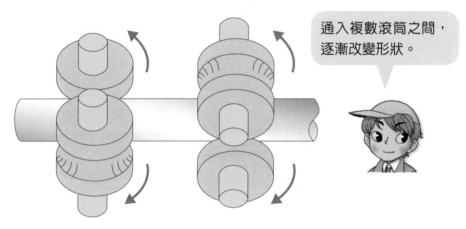

通入複數滾筒之間，逐漸改變形狀。

圖29　棒材的製造

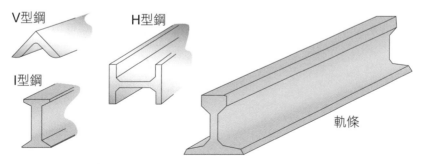

V型鋼　　H型鋼

I型鋼

軌條

圖30　各種截面形狀

長條棒材的製造時間為每秒數公尺至數十公尺，細線材則是每分鐘可達數百公尺。

⬡ 管材的壓延

管材的製造法，大致分為沒有接縫的**無縫管**，以及有接縫的**接合管**。無縫管的製成是先將鋼坯等素材加熱至橘色，再以**導心桿**（mandrel）貫穿，擴展成形。若滾筒的角度不適當，具有一定厚度的管材難以變形，目前認為20度是最好成形的傾斜角。

另一方面，拉引常溫狀態的**鋼帶**，經由複數並排的滾筒製成圓形，於接合處通入大電流，瞬間高溫熔接的鋼管稱為**電縫管**。

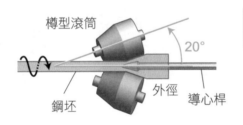

樽型滾筒　可製作無接縫的鋼管。

20°

外徑　導心桿

鋼坯

圖31　無縫管

使接合處形成高溫狀態

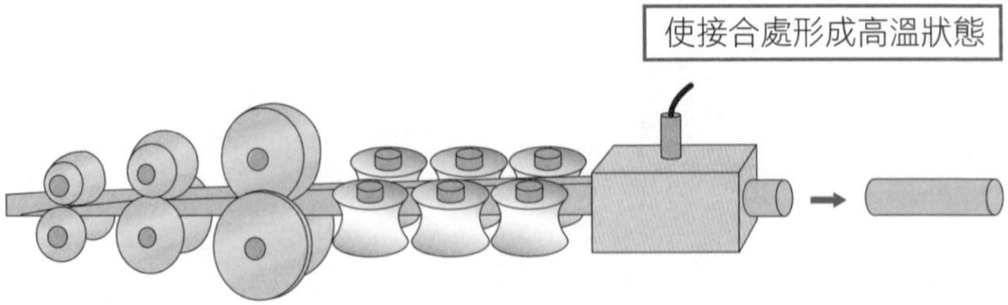

圖32　電縫管

擠製加工、抽製加工

　　棒材的成形方式還有**擠製加工**（extrusion）與**抽製加工**
（drawing）。

　　擠製加工是將鋼坯嵌入**壓槽**（container）容器，以**壓塊**
（ram）施予巨大外力，通過模具成形的製造法。棒材擠製方向與
壓塊移動方向相同者，稱為**直接擠製加工**；與壓塊移動方向相
反，則稱為**間接擠製加工**。兩者皆能一次壓製其他加工難以成形
的**空心製品**、複雜斷面形狀的製品。擠壓加工分為**熱擠壓**與**冷擠
壓**。

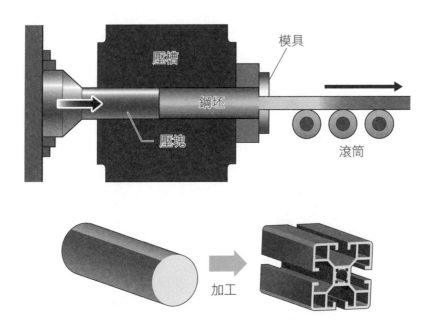

圖33　直接擠製加工

抽製加工是指不加熱棒材，在室溫下進行冷加工，嵌入模具組孔洞抽拉的製造法。一般來說，抽製加工作成的尺寸精密度較擠製加工來得高，可用於生產表面精細的製品。

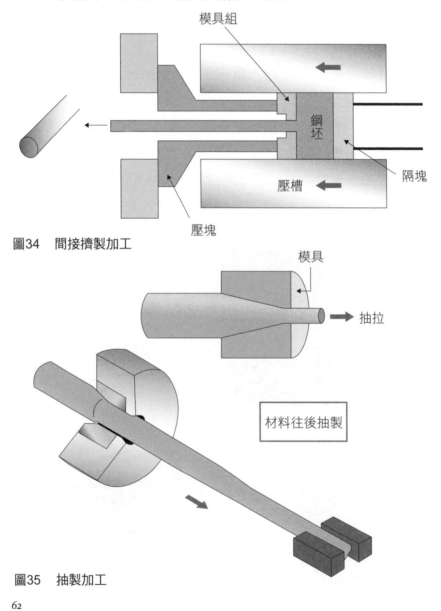

圖34　間接擠製加工

圖35　抽製加工

壓造加工

制式螺絲、具螺紋零件等的加工，需採用冷鍛**壓造加工**，在常溫下對金屬棒材施予壓力製成。

壓造屬於鍛造的一種，又稱為**釘頭加工**（heading）或**造形加工**（former）。其特徵為加工是橫向加壓，壓造一般多指**冷鍛壓造**。這邊以小螺絲頭部形狀的製成為例，說明冷鍛壓造加工。

一般來說，外徑小於8mm的螺絲歸類為**小螺絲**，頭部形狀的成形多採用冷鍛壓造加工。小螺絲的材料選擇稍小於預定外形的線材。因為是擠壓材料製成，成品會比原外形來得大。

將纏繞成線圈狀的線材置於壓造機輸入口，經由**送線滾筒**理成直線後，敲扁線材頭端，送入壓造工程。

加工的過程中，材料一度經過壓造加工後可能出現裂痕，所以

圖36　壓造機
（圖片提供：
淺井製作廠）

小螺絲一般會採用**雙程釘頭加工**，以1個模具組搭配2個沖頭進行兩階段加工。

完成螺絲的頭部形狀之後，接著要進行製造螺牙的**轉造加工**。

小螺絲通常會分為兩階段製成。

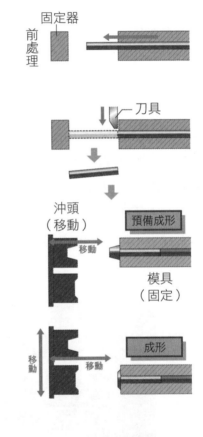

固定器

前處理

刀具

沖頭（移動）

移動

預備成形

模具（固定）

移動

移動

成形

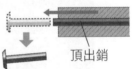

頂出銷

圖37　雙程釘頭加工

轉造加工

經由壓造加工完成頭部形狀的螺絲，得再經由轉造加工製造螺牙。用以製造螺牙的工具稱為**轉造模具組**，有**板狀模具組、圓模具組**等種類。將這些工具裝置於**轉造盤**，擠壓工件來製造螺牙。

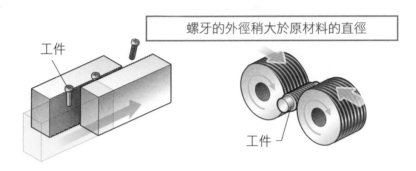

螺牙的外徑稍大於原材料的直徑

工件

工件

圖38　轉造模具組

由於轉造加工是擠壓成形工件，不產生切屑，也未破壞金屬的**纖維流向**（fiber flow），因此金屬能保持其強度。

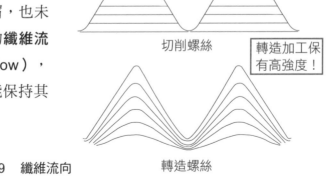

切削螺絲

轉造加工保有高強度！

轉造螺絲

圖39　纖維流向

我之前都不知道塑性加工有這麼多種，但仔細想想，鐵匠從以前就是敲擊鐵塊，鍛造製作東西嘛！

沒錯。令人驚訝的是，在金屬學還不像現在這麼發達時，日本刀的製作者們就已經確立保持強度的科學方法了！

在學校的實習工廠裡就能嘗試的塑性加工嗎？

有喔！手工作業後製成板材、棒材的塑性加工，在學校也可以進行。

還有，小螺絲的轉造是之前沒有接觸過的製造法，我非常感興趣，真想要參觀實際轉造螺牙的過程！

這樣的話，我下次帶妳去我熟識的螺絲工廠吧，妳肯定會為那俐落轉造螺牙的過程感動。

第4章
切削加工

使用切削刀具加工物件的製造法,稱為切削加工。進行此種加工時,會產生切屑,但能將材料製成所定的大小。在本章,我們將具體學習各種工具機的切削加工。

什麼是切削加工？

使用**切削刀具**對工件進行**切削加工**時，工件需比切削刀具柔軟才能切削。由於是藉兩者的相對運動，一面產生切屑一面成形，所以又稱為**去除加工**。使兩者產生相對運動的方法有許多種類，例如旋轉工件、移動**車刀**（bite）的**車削**（turning）；固定工件、移動**鑽頭**的**鑽孔**等。

若工件與切削刀具間可以切削的話，從高效率的粗加工到高精密的精密加工，根據生產數量採取不同的加工。雖然切削加工的缺點包括切屑造成多餘的材料浪費、切削生成的熱能造成工件溫度上升等，但一般常用的材料皆可進行切削加工，因此在機械製造上切削加工扮演著重要的角色。

具代表性的金屬加工法

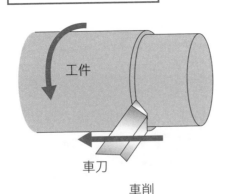

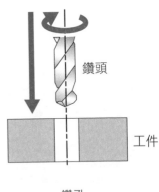

工件

鑽頭

工件

車刀

車削

鑽孔

圖1　切削加工

切削理論

與切削刀具的種類、形狀，有各種不同的情
之間的切削機制，已系統化為**切削理論**，這

麼是切削？」開始談起。所謂的切削，指的
具與工件接觸時，將刀刃壓入工件使部分形
化時，以微觀的角度來看，工件發生了塑性
，一種塑性加工。

與切削刀具之間的重要角度有**傾斜角**（rake
learance angle）與切削刀具的**切刃角**

d reading

刻意觀察
從行為表象看穿真實人心
Mind re、

朱建國 著

力，是複雜世界的利器！
破解視覺上的陷阱，不再霧裡看花

王東明
企業講師
口語表達專家
誠心推薦

讀心不是一種天賦
是一種可以輕鬆學會的技巧
一眼攻破心防
只需要掌握
個基本的行為邏輯
達到識人無誤、辨人無礙的境界！

世茂
www.coolbooks.com.tw

一片刀刃有著各種角度與刃面的關係。

圖2　切削中重要的刀具刃面與角度

切削速度v

切削刀具

傾斜面

餘隙面

加工完成面

切刃角β

餘隙角

傾斜角，指的是切屑摩擦滑動的**傾斜面**與切削垂直方向的夾角。傾斜角愈大，刀刃愈易於切削，但刀刃愈易鈍化。

　　餘隙角，指的是防止切削刀具與加工面接觸所騰空的**餘隙面**與加工面的夾角。餘隙角愈小，刀刃強度愈大，但與餘隙面的磨損嚴重，是縮短工具的使用壽命。

　　切削加工上，鋒利的切削是指以最小的力量切削工件。因此，除了切削刀具的材質之外，也需取適當的傾斜角、餘隙角進行作業。

⬡ 切屑的形態

　　切削加工的狀態依產生的切屑形狀，分成下述三種：

　　連續式切屑，指沿著切削刀具的傾斜面流動連續排出切屑的形態。因為切削阻力幾乎固定，所以震動較少、加工面良好。

　　鋸齒式切屑，指沿著剪切面以一定的間隔滑動剪切來排出切屑的形態。因為是不連續剪切，切削阻力不固定，切屑形成零散的碎塊。

　　龜裂式切屑是，刀刃嵌入工件使切屑部份發生塑性變形，崩壞後排出切屑的形態，易發生於鑄鐵等脆弱材質，切削阻力略小。

　　為了進行良好的切削，一般會加入兼具潤滑、冷卻、洗淨功用的**切削液**（cutting fluid）。

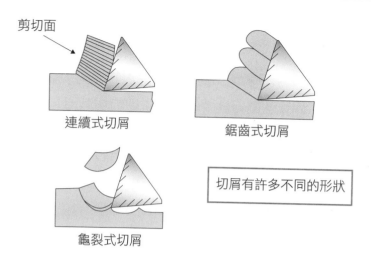

剪切面

連續式切屑

鋸齒式切屑

切屑有許多不同的形狀

龜裂式切屑

圖3　各種切屑

　　切削加工會遇到的其中一個阻礙是**刃口積屑緣**（built-up edge）。進行金屬的切削加工時，切削刀具的傾斜面與切屑之間，因巨大壓力、摩擦阻力、摩擦熱，造成部份切屑硬化堆積於刃口前端，積屑產生如切刃作用切削工件的現象。

　　刃口積屑緣的發生、成長、分裂、脫落，此過程的反覆時間極短，易使加工面不平整，降低加工品質。此現象容易發生於軟鋼、黃銅、鋁合金等富延展性的材料，為防止此加工問題，可加快切削速度、或是加入切削液。

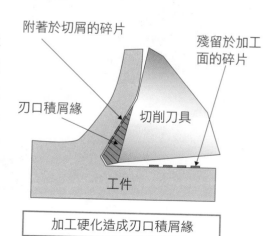

附著於切屑的碎片

殘留於加工面的碎片

刃口積屑緣

切削刀具

工件

加工硬化造成刃口積屑緣

圖4　刃口積屑緣

另外，這邊還需要注意一件事，工件與切削刀具的「切削、被切削」是相對關係。

　　例如，就切削刀具的材質來說，通常追求其硬度。雖然切削的絕對條件是，工件比切削刀具柔軟，但堅硬的切削刀具並非完全不會磨損。世界上最硬的礦物是鑽石，市面上有刀刃是以鑽石製成的切削刀具。儘管鑽石的使用壽命較其他材質來得長，但加工過程還是會有所磨損。而且，工廠也有以鑽石切割鑽石的情況。

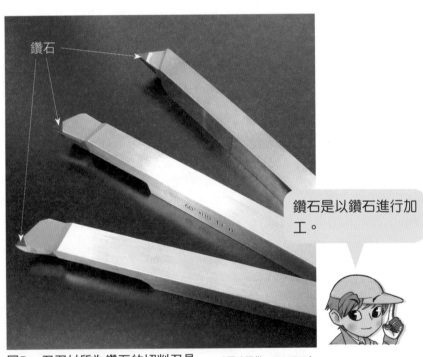

鑽石

鑽石是以鑽石進行加工。

圖5　刀刃材質為鑽石的切削刀具 （圖片提供：FUJIDIA）

車床加工

車床是，旋轉棒狀工件進行**車削**的常見工具機。在此小節，我們來實際觀看使用車床的**車床加工**。

◯ 車床的構造

車床的構造有支撐全體的**床台**、以夾頭等固定工件的**頭座**、裝設車刀等刀具的**刀座**、使刀座於床檯上左右移動的**滑動座**，以及與頭座相對用以支撐長型工件並裝設鑽頭進行加工的**尾座**。

操作上，充分理解各拉桿如何操作後，設定變速桿、進給桿。

| 頭座 | 變速桿 | 啟動桿 | | 三爪夾頭 |

尾座

刀座

滑動座

進給桿　　　床台　　　腳踏制動器

圖6　車床

◬ 各種車床加工

進行車床加工時，在刀座上裝設各種形狀的車刀，旋轉工件進行切削，加工成各種形狀。

車床加工，基本上分為旋轉切削圓筒材料使外形變小的**外徑車削**、切整材料端面的**端面車削**、切成圓錐形的**錐面車削**等。進行這類加工的車刀種類，有**單刃車刀**、**圓鼻車刀**。

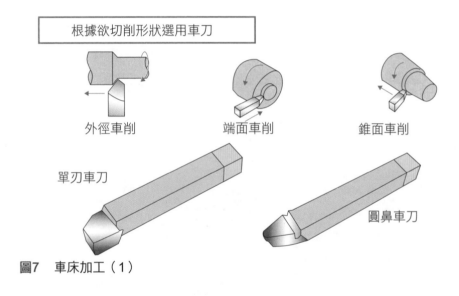

根據欲切削形狀選用車刀

外徑車削　　　端面車削　　　錐面車削

單刃車刀

圓鼻車刀

圖7　車床加工（1）

根如欲切斷材料或者切出溝槽，可用**切斷車刀**。切斷車刀有一體成型、外裝板片車刀等種類。溝槽寬幅一般設為3～5mm，需減少旋轉回數，緩慢進行切削。

如欲切削出材料的內徑，可使用**搪孔車刀**。搪孔車刀有一體成型、僅替換刀刃部分的**拋棄式車刀**等種類。

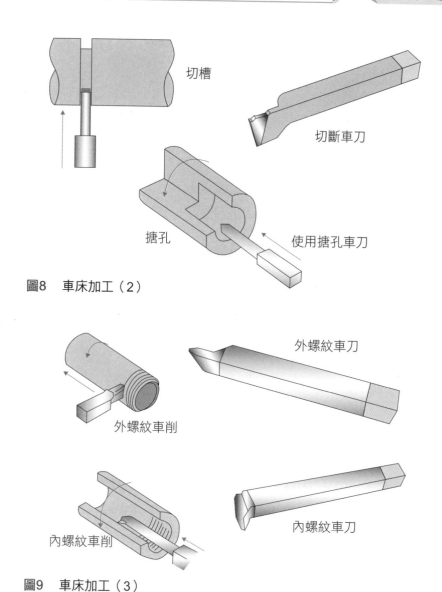

切槽

切斷車刀

搪孔

使用搪孔車刀

圖8 車床加工（2）

外螺紋車刀

外螺紋車削

內螺紋車削

內螺紋車刀

圖9 車床加工（3）

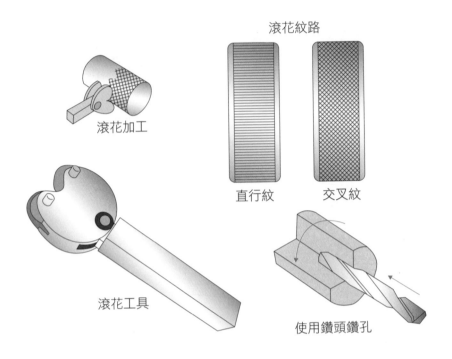

滾花紋路

滾花加工

直行紋　　　　交叉紋

滾花工具

使用鑽頭鑽孔

圖10　車床加工（4）

　　車床加工還有**螺紋車削**，分為使用外螺紋車刀的**外螺紋車削**，
與使用內螺紋車刀的**內螺紋車削**。標準三角螺紋的螺牙角度為60
度，所以車刀前端的角度也為60度。另外，兩種螺紋切削並非一
次車完螺紋，而是每次車約0.1mm反覆切削完成，所以需操縱控
制桿將車削的位置對準前次加工的溝槽。

　　滾花加工（Knurling）是在把柄部份加上有止滑效果的紋路，
滾花的紋路有直行紋、交叉紋等種類。另外，車床也常於尾座裝
設鑽頭，執行工件端面的鑽孔加工。

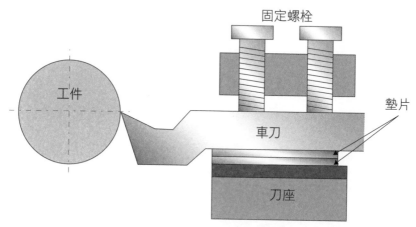

固定螺栓

工件

車刀

墊片

刀座

圖11　車刀的裝設

◎ 車刀的裝設

　　裝設車刀時，一般會將車削前端調至與工件的旋轉中心等高，旋緊**固定螺栓**將其固定於刀座上。如遇高度不夠的情況，可逐步增加調整高度的**墊片**。即便裝設了鋒利的車刀，若高度不夠的話，也無法進行良好的切削，需要仔細調整。

◎ 工件的裝設

　　在車床上裝設工件的方式，分為安裝三爪或四爪**夾頭**同時開關的**夾頭作業**，與以**傳動夾具**固定工件並接觸主軸的傳動盤，另一端以不旋轉工件中心的**頂心**靜態支撐，再使其旋轉的**頂心作業**。

　　雖然有些加工兩種裝設方式皆適用，但直徑較大的工件、內面加工等適合夾頭作業；細長工件的加工適合頂心作業。

◎ 旋轉速度的設定

　　決定主軸的轉速之後，調整**主軸變速桿**，設定適當的數值。例

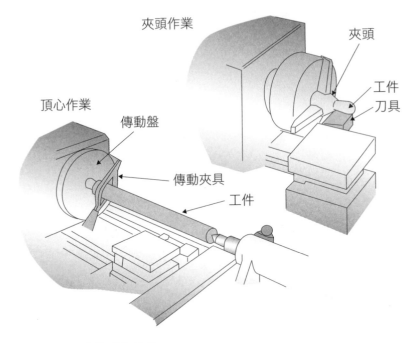

圖12　夾頭作業與頂心作業

如，如欲設定每分鐘460轉，將A－B桿移至A處、C－E－D桿移至
E處。

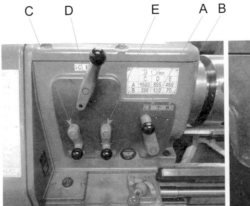

⬚	↻/min		
	C	D	E
A	1300	855	460
B	230	130	70

圖13　主軸轉速的設定

◉ 切削速度的設定

　　工件的切削速度除了取決於主軸的轉速之外，也與工件的直徑有關。即使中心的轉速相同，直徑大小不同的話，周速也會有所差異。若圓周的轉速為 n〔min⁻¹〕（每分），則直徑 D〔mm〕愈大，周速 v〔m/min〕愈快。

　　若將切削加工的周速表成數學式，切削速度 v〔m/min〕如下所示：

$$v = \frac{\pi D n}{1000} \text{ [m/min]}$$

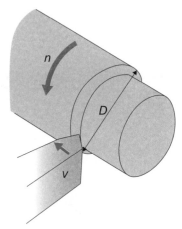

◉ 進給量的設定

　　工件每轉1圈時切削刀具的移動量稱為 **進給量**，單位為〔mm/rev〕。工件以多少的切削速度、進給量加工，會因工件的材質而異，可參閱《機械工學便覽》統整的標準值。

　　一般來說，進行粗車削會設定較大的切削速度、進給量，精車削時會提高切削速度、減少進給量。

圖14　切削速度

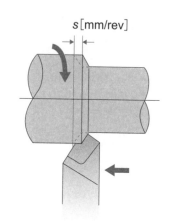

圖15　進給量

夾頭作業

①裝設工件

夾頭作業是以夾頭扳手固定工件。此時，若夾頭扳手尚未取下即轉動車床的話，可能造成扳手飛出，請多加留意小心。

夾頭扳手

②基本操作

裝設完工件之後，根據工件的材質、直徑，調整主軸速度變換桿，設定主軸的轉速。確認完轉速之後，開啟配電盤、車床的電源。

用手動方式來移動刀座，開始車削作業。當工件與車刀

接觸後，歸零橫向手輪上的進刀刻度盤，調整必要的進給量
後開始車削作業。

進刀刻度盤

刀座的縱向進刀

刀座的橫向進刀

銑床加工

　　銑床是，使用**銑刀**（milling cutter）切削加工平面、溝槽的工具機。在這小節，我們來實際觀看**銑床加工**。

◉ 銑床的構造

　　銑床分為主軸垂直於床台的**立式銑床**，與平行於床台的**臥式銑床**。根據裝設的刀具種類，可進行**平面加工**、**段階加工**、**溝槽加工**、**開孔加工**等各種不同的加工。

　　另外，銑床的語源是荷蘭語的fraise，英語多稱為milling cutter。

・立式銑床

　　立式銑床是以正面銑刀進行正面銑削，以端銑刀進行溝槽加工、側面加工等。

立式銑床的加工作業

・臥式銑床

　　臥式銑床是將床台上的工件固定於工作台上，使回轉的平銑刀在工作台上往返移動，進行平面銑削。另外，使用圓盤狀的鋼鋸也可切斷工件。

臥式銑床的加工作業

X軸驅動

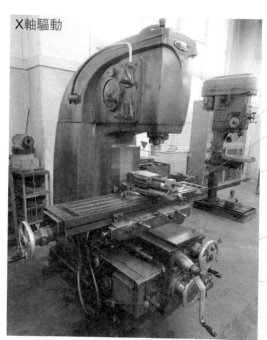

圖16 立式銑床

虎鉗

工件

工作台

Y軸驅動

Z軸驅動

虎鉗

X軸驅動

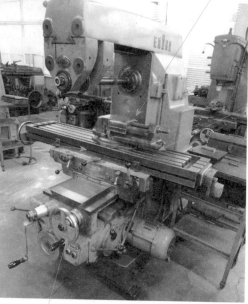

工件

工作台

Z軸驅動

圖17 臥式銑床

Y軸驅動

◯ 各種銑床加工

　　銑床可於回轉軸上裝設不同形狀的切削刀具，旋轉進刀作成各種形狀的工件。

　　面銑刀，是圓筒刀身、前端圓周上附有複數切刃的刀具。是立式銑床所使用的基本刀具，也可用於工件的平面加工。刀刃是使用可拆裝的捨棄式刀片。

捨棄式刀片

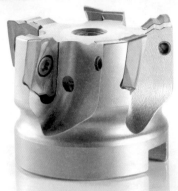

圖18　正面銑刀。下圖為OSG PHOENIX系列的肩削銑刀頭 PSE

（圖片提供：OSG）

　　端銑刀是圓棒刀身、底面附有切刃的切削刀具，用於在工件上作成段階的側面加工、溝槽的溝槽加工等。刃數較少的端銑刀，因利於排出切屑的半面、刀具的截面積小，使得剛性低下，切削中容易彎折。相反地，刃數較多的端銑刀，因工具的截面積大，使得剛性較優異，但容易產生切屑堆積。

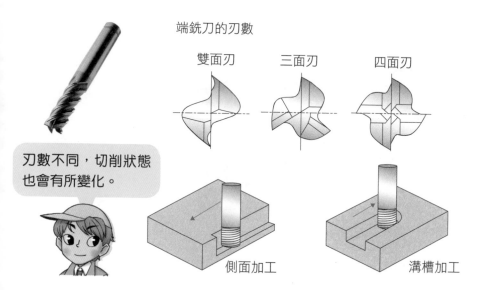

端銑刀的刃數

雙面刃　　　三面刃　　　四面刃

刃數不同，切削狀態也會有所變化。

側面加工　　　　　　溝槽加工

圖19　使用端銑刀的加工

　　端銑刀依齒刃前端形狀的不同，分為用於切削水平面或者垂直面等二次元形狀，前端呈平坦的**平頭端銑刀**；平頭端銑刀前端下角呈R圓角的**圓鼻端銑刀**與前端呈球狀的**球頭端銑刀**，用於三次元形狀切削，**R倒角成形銑刀**用於工件R角加工。其中，R表示圓的半徑。

| 平頭
端銑刀 | 圓鼻
端銑刀 | 球頭
端銑刀 | R倒角
成形銑刀 |

圓鼻端銑刀加工

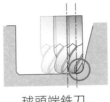

能使邊角呈圓角狀。

球頭端銑刀

圖20　端銑刀的種類

平銑刀是外圍附有刀刃的銑刀，用於切削平面。

一面回轉磨石，一面使其往復移動

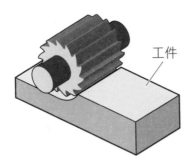

工件

圖21　平銑刀

槽銑刀是用來加工溝槽的銑刀，僅外圍附有切刃。側銑刀是圓盤型的銑刀，外圍與兩側附有刀刃。

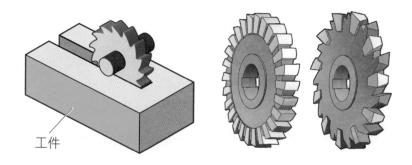

工件

圖22　槽銑刀與側銑刀

◉ 切削速度與回轉速度的設定

銑床加工的切削速度，等同於回轉運動的周速，可表為與車床周速相同的數學式。

令外徑 D〔mm〕銑刀的回轉速度為 n〔min⁻¹〕，則周速 v〔n/min〕，也就是銑刀的切削速度 v〔n/min〕可表為**式A**。另外，移項**式A**之後，回轉速度 n〔min-1〕可表為**式B**。

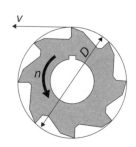

式A $v = \dfrac{\pi D n}{1000}$ [m/min]

式A $n = \dfrac{1000v}{\pi D}$ [min⁻¹]

◉ 進給速度的設定

工作台的進給速度v_f〔mm/min〕是，銑刀的每刃進給量f_z〔mm/刃〕、轉速n〔min^{-1}〕與刃數z_c〔刃〕的乘積，可表為式C。

$$\text{式C} \quad v_f = f_z \times n \times z_c \ [\text{m/min}]$$

◉ 進給量的設定

工件每轉1圈切削刀具的移動量稱為進給量，面銑刀的場合，粗銑削一般低於5mm；精銑削一般約為0.3mm。

工件以多少的切削速度、進給量加工，會因工件的材質而異，可參閱《機械工學便覽》統整的標準值。

◉ 向上銑削與向下銑削

根據銑刀回轉方向與工件進給方向的位置關係，銑床加工分為**向上銑削**與**向下銑削**。

向上銑削是，銑刀的回轉方向與工件的進給方向相反的加工，又稱為**逆銑**。切削面厚度愈切愈厚，切削力與摩擦力皆大，容易發生震動與熱。

而向下銑削是，銑刀的回轉方向與工件的進給方向相同，又稱為**順銑**。切削面厚度愈切愈薄，較少發生震動、工具的磨損較少，銑削一般多使用此方法。

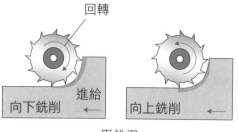
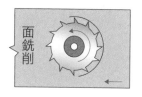

回轉

向下銑削　進給　向上銑削　　面銑削

平銑刀　　　　　　　　　　面銑刀

圖23　向上銑削與向下銑削

再者，使用面銑刀的場合，相對於銑刀的回轉中心，切削的狀態一邊進行向上銑削，另一邊進行向下銑削。

◯ 銑床的作業

作業　六面體的加工

要說銑床作業的基本題材，可舉六面體的加工。六面體即便完成其中一面的切削加工，也必須與其他面呈90度角，相對的兩面得正確加工指定的角度。下面以邊長50mm的六面體為例，介紹所有面相互成直角的加工程序。

①決定基準面後，對工件的第一面進行加工

事前準備一個非全為直角、不規則的立方體，工件的材質選擇切屑易成粉狀、較易加工的鑄鐵。

使用保護墊塊與平行台，以虎鉗確實固定工件之後，以上面為基準面進行銑削。

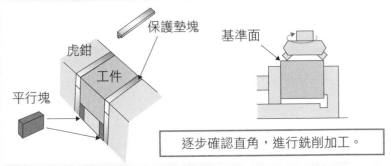

圖24　第一面的加工

②基準面與第二面的直角加工

接著，將基準面抵住虎鉗口的一端，另一端夾以銅圓棒固定。這邊需要使用銅圓棒是因為，此階段還未能保證第一面與相對面平行。此時，以上面為第二面進行平面加工，確保第一面與第二面形成直角。

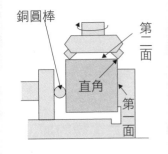

圖25　第二面的加工

③第二面與第三面的直角加工

接著，第一面同樣抵住虎鉗口的一端，以第二面的相對面為第三面朝上，進行平面加工，確保第一面與第三面形成直角。

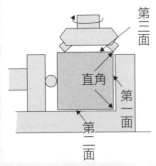

圖26　第三面的加工

④第四面與第五面的直角加工

至此,確定了第一面、第二面與第三面形成直角,接著以第一面的相對面為第四面朝上,進行平面加工。

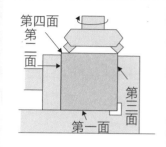

圖27　第四面的加工

至此,確定了四個面形成直角,但剩餘的兩面該如何處理呢?

我們來討論下一步該怎麼做,才能使所有的面皆形成直角。

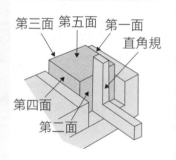

圖28　第五面的加工

⑤第五面與第六面的直角加工

接著,使用虎鉗固定第一面與第四面,以剩餘兩面其中一面為上面,作為第五面進行平面加工。此時,第二面與第三面必須垂直於基座,需以直角規、指示量錶(dial gauge)等進行調整。

完成後,最後以第五面的相對面為第六面,進行平面加工。

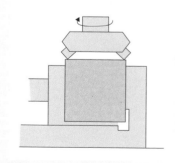

圖29　第六面的加工

牛頭刨床加工

　　牛頭刨床，是進行平面加工、溝槽加工的工具機，又稱為**刨削機**。此機具是將工件固定於工作台，裝設刨刀於前後移動的滑枕上進行加工，並採用縮短刨刀退刀時間的急回機構。

刨刀

圖30　牛頭刨床

滑枕

工作台

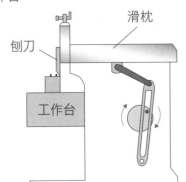

滑枕

刨刀

工作台

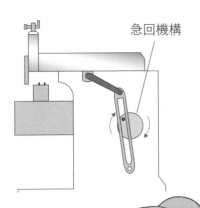

急回機構

圖31　急回機構

這可縮短刨刀的退刀時間，提高作業效率。

　　牛頭刨床的操作簡單，多用於小型工件的加工。因有著較不易
使工件過熱的優點，牛頭刨床也用於鋁的平面加工。但是，相較
於銑床，牛頭刨床作業效率較差，因此較少用於平面加工。

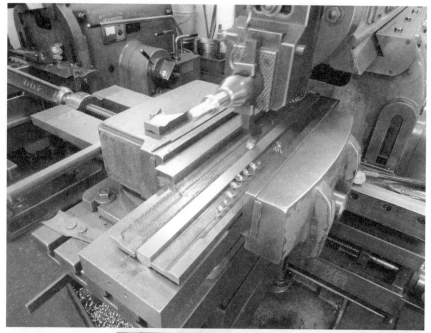

圖32　牛頭刨床
　　　的加工作業

切削齒輪的工具機

齒輪加工有切削加工、熔接加工、鑄造加工等，各種加工法都可適用。

其中，切削加工又分為使用銑刀、車刀等切削刀具，一齒一齒切削齒槽的**成形法**；與使用圓筒周圍具有齒形刀刃的**滾齒刀**（hob），逐步切削整個齒輪的**滾齒法**。

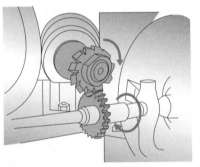

刀具、工件皆要旋轉。

圖33　成形法

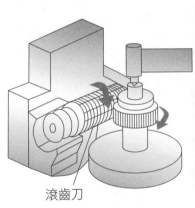

滾齒刀

圖34 滾齒法（滾齒機）

（圖片提供：SHINKOU GEAR）

切削螺紋的工具機

⑦

　　螺紋切削一般是使用螺絲攻、螺絲模、螺紋車刀等的車床加工，但也有裝設螺紋切削專用**螺紋鈑刀（chaser）**的**螺紋機**。螺紋鈑刀是前端有著由複數螺牙的平板狀刀具，使用時通常為4塊一組。另外，針對自來水管、瓦斯管等鋼管，也有切削螺紋專用的**管螺紋機（pipe threading machine）**，廣泛用於各處。

圖35　螺紋機　　　　　　　　　　　　　　　　　（圖片提供：西村鐵工廠）

圖36　螺紋機F80AIII與螺紋鈑刀（右）　　　　　（圖片提供：REX工業）

鑽石的加工

　　世界上最硬的物質是鑽石，也就是說，拿鑽石和其他物質摩擦，其他物質會出現損傷，這與鑽石強固的晶體結構有關。那麼，鑽石本身該如何加工呢？

　　其實，鑽石是以鑽石進行加工。常見的加工法為研磨，研磨用的鑽石會先製成粉末狀。以這樣的粉末來摩擦，一點一點加工鑽石。但是，硬度優異的鑽石不耐衝擊，用鎚子敲擊就可能粉碎鑽石。

　　一說到鑽石，多數人都浮現高價寶石的意象，但工業用的鑽石除了天然的鑽石之外，還有以微粒的鑽石粉末與金屬類結合劑（binder）一同燒結合成的人工鑽石，或者在與地球內部相同高溫、超高壓的條件下晶體成長製成的人工鑽石，人工鑽石廣泛應用各處。

作為寶石的鑽石

工業用的鑽石粉
（圖片提供：EID LIMITED）

第5章
磨粒加工

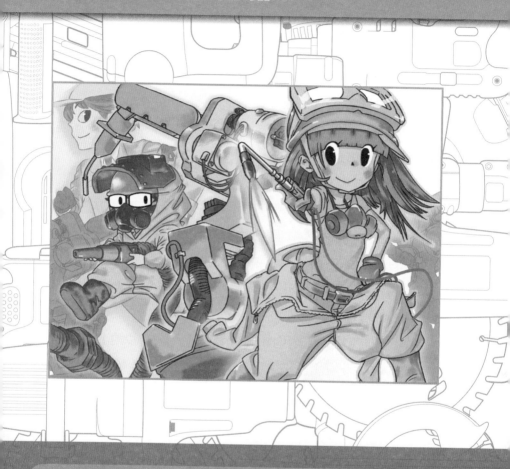

若說材料不「切割」而要「打磨」的話，讀者會想到什麼
方法呢？雖然最近在自家打磨菜刀的家庭日益減少，但應
該都曾經使用砂紙打磨木材吧？砂紙上附著許多微細的磨
粒，這些顆粒具有研磨的效果。

在本章，我們將針對金屬的打磨，具體學習磨粒加工的原
理與實際應用。

什麼是磨粒加工？

　　砂紙是在襯紙底上附著微細磨石，依**磨石**的顆粒大小分成不同的號數。從砂紙（sandpaper）字面上來看，不難想像附著如砂粒般的細小顆粒吧。

　　如同砂紙，利用磨粒將工件打磨成所定的形狀、大小、表面粗糙度的作業，稱為**磨粒加工**。

　　與磨粒加工類似的語彙有**磨削加工**。磨削加工，指的是高速回轉佈滿微細硬質磨粒的砂輪，使每個磨粒發揮刀刃的功用削取工件的加工法。與此相對，廣義的磨粒加工一般稱為**研磨**，包含打磨表面的加工法。

　　有些加工法難以區別研磨或者磨削，但基本上，磨削加工多指對表面上物理性的大量削磨。

　　與切削加工相比，磨削加工有著下述優點：砂輪上的磨粒是非常堅硬的顆粒，可用於加工硬質材料。再者，砂輪能進行高精度的高速回轉運動、往復運動，縮短精密加工的作業時間。

圖1　砂紙

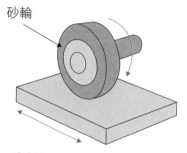
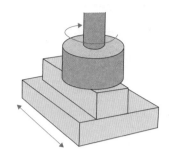

圖2　磨削加工

　　本章將針對磨粒加工中的磨削加工，介紹其原理與**磨床**的作業。然後，還會介紹其他分類為磨削，即未使用磨石的磨粒加工。

砂輪的三要素

　　砂輪（grinding wheel）是由**磨粒、結合劑、氣孔**三要素構成的器具。

　　磨粒上的每個微細顆粒發揮刀刃的作用切削工件。進行磨削加工時，雖然作為刀刃的磨粒會產生磨損，磨粒因磨削阻力而脫落，但下層會有新的磨粒繼續磨削。這現象稱為**砂輪的自生作用**，是切削刀具沒有的一大特徵。

　　換句話說，磨粒是磨削工件的刀刃本身，雖會反覆微小的破碎，但下一層緊接著生成新的刀刃繼續磨削。

　　磨粒的材質大致可分為氧化鋁、碳化矽等**一般磨粒**，以及鑽石、與硼、氮人工合成的**立方氮化硼**（cBN：Cubic boron nitride）等**超級磨粒**。

一般鋼鐵材料使用氧化鋁的材質；鋁、銅等非鐵金屬材料多使用碳化矽的材質；陶瓷、石材、非鐵金屬等材質使用鑽石的材質。雖然鑽石是現存最堅硬的物質，但磨削中鐵會與鑽石發生反應，不適合加工鋼鐵材料。

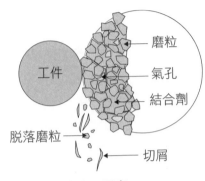

圖3　砂輪的三要素

結合劑是用以結合磨粒與磨粒的物質，種類有陶瓷、樹脂、橡膠、金屬等。其結合的原理都非化學反應，而是利用物理性的接觸力。

氣孔是磨粒與結合劑之間的空隙，用以排出切屑，扮演著重要的角色。

日本工業標準（JIS）根據砂輪的三要素，將表示磨粒的粗細、表示砂輪硬度的**黏結度**以及砂輪的組成（單位體積中磨粒所佔的比例）等，以數值和符號進行分類，因應不同的用途，選擇使用的砂輪。

圖4　砂輪

各種磨削加工

　　磨削加工，分為手拿磨削工具觸壓工件，或者工件觸壓固定工具機的作業（**人工研磨**），與使用各種磨床進行精密加工的**機械研磨**。

人工研磨

　　圓盤研磨機（disc grinder）是，裝設圓板狀的磨削磨石或研磨盤，使其高速回轉的電動磨具。研磨的部分可更換各種類型，用以磨削或者切斷金屬、木材等。但是，因為是手工作業，錯誤的操作可能釀成嚴重事故，使用時需配戴皮革手套、護目鏡、防塵面具等，小心謹慎操作。

圖5　圓盤研磨機

　　桌上型研磨機（bench grinder）是，回轉兩側裝設的兩個砂輪進行磨削作業的工具機。因為使用兩個砂輪，所以又稱**兩頭式砂輪機**。由於可打磨車床的車刀、金屬的砂輪受到固定，能進行比圓盤研磨機更高精度的加工。一般可更換不同粒度的砂輪，從

圖6　桌上型研磨機

粗研磨到精研磨都能高效率進行。

　　帶式砂磨機（belt sanders）是，高速回轉磨削用砂帶的工具機。與使用砂輪的桌上型研磨機相比，帶式砂磨機能打磨寬廣面，去除金屬的毛邊、磨圓木材的尖端等，廣泛應用於各處。

　　帶式砂磨機還有手拿的攜帶型與桌上型，因應不同狀況使用。

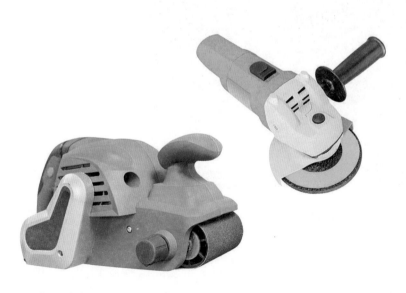

圖7　帶式砂磨機

◉ 機械研磨

・平面研磨

平面研磨是對工件平面進行加工，根據工件運動方向、砂輪主軸位置關係的不同，分成數種不同的形式。一般常用的**臥式往復**，是平面磨床的基本加工形式。

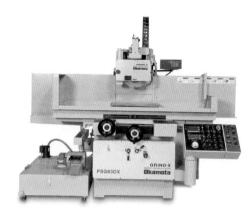

平面磨床PSG63DX

（圖片提供：岡本工具機）

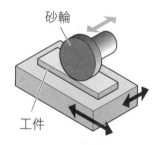

臥式往復

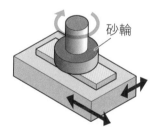

立式往復

臥式回轉

立式回轉

砂輪

圖8　各種平面研磨

❽ 圓筒研磨

圓筒研磨是對圓筒工件外圍、端面進行加工,根據工件運動方向的不同,分成數種不同的形式。

橫送式研磨(traverse grinding)是工件沿著砂輪軸方向移動的研磨方式,用於工件長於砂輪寬幅的加工。而**直送式研磨**(plunge grinding)用於工件短於砂輪寬幅的加工,工件不沿長邊方向往復運動,僅朝切進砂輪方向運動的研磨方式。

橫送式研磨

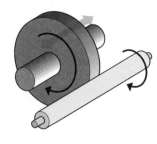

直送式研磨

根據工件與砂輪的關係,分為各種形式。

圖9　各種圓筒研磨

⊗ 內圓研磨

內圓研磨是，對工件孔洞內面進行加工。一般的作法是回轉工件，將回轉的砂輪插置該孔洞進行研磨，但工件體積大到難以轉動的場合，則會採取砂輪中心的齒輪咬合回轉的同時，環繞工件內面轉動做**行星運動**的**行星式研磨**。

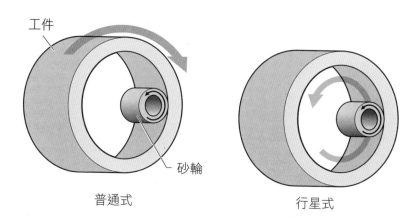

| 工件 |
| 砂輪 |

普通式 　　　　　　　行星式

圖10　內圓研磨

⊗ 無心研磨

無心研磨（centerless grinding）是，在並排回轉的**調整輪**與**研磨輪**之間，使用固定托架支撐圓筒工件，再以調整輪輔助工件回轉與進給，對工件外圍進行加工。

此磨削因工件無回轉中心的孔洞，不需將工件裝設於磨床也可支撐整個工件，可保持一定的研磨精度。

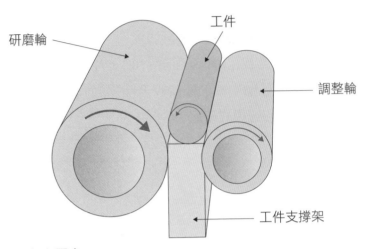

研磨輪

工件

調整輪

工件支撐架

圖11　無心研磨

⊗ 工具研磨

　　工具研磨是對鑽頭等工具進行加工，研磨時工具需維持適當的角度。

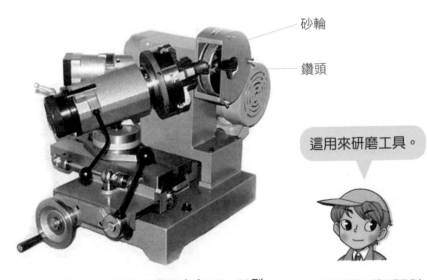

砂輪

鑽頭

這用來研磨工具。

圖12　工具磨床。圖片為鑽頭磨床YG－50型

（圖片提供：飯田鐵工廠）

磨床加工

● 平面磨床

✖ 構造

　　平面磨床是由底座床台上前後移動的滑鞍，與上方左右移動的工作台所組成。工作台設有電磁夾頭，可將工件強力吸附於工作台上。

　　研磨作業為手動進行，操縱分為使工件前後移動的滑鞍前後進給手輪、使工件左右移動的工作台左右進給手輪、對工件上下移動的砂輪上下進給手輪。其中，左右方向的進給具有自動化機能。

工作台左右
進給手輪

砂輪

工作台

滑鞍

滑鞍前後進給手輪

砂輪上下進給手輪

圖13　平面磨床

作業

・準備

　　將工件置於工作台的中央，與工作台的長邊運動方向平行，開啟電磁夾頭吸附固定。確認吸附狀態後，接著啟動油壓幫浦，確認注入研磨液。

・加工作業

　　逐漸旋轉工作台速度調整桿，設定進給速度為10～12m/min後，旋轉砂輪上下進給手輪，緩慢降下砂輪與工件表面接觸。此時，粗研磨的進給量通常設定為0.01mm；精研磨進給量通常設定為0.005mm，不需如切削加工進給1mm。熟悉操作後，可使用左右移動自動進給機能，加速作業程序。

圖14　準備

圖15　加工的模樣

◉ 圓筒磨床

⊗ 構造

　　圓筒磨床的構造中，夾住圓筒工件進行回轉的部分與車床相似。手動進行研磨作業，需操縱前後方向與左右方向的進給手輪，當工件接近磨車之後，緩緩接觸開始研磨作業。左右方向的進給具有自動進給機能。另外，藉由旋轉工作台，除了圓筒加工之外，也可進行錐面車削加工。

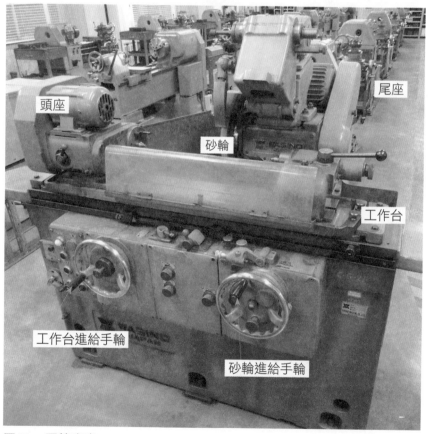

圖16　圓筒磨床

作業

・準備

　　將工件裝設於傳動夾頭，兩端的中心孔塗潤滑油，夾於兩中心夾具之間。然後，決定進給量、進給速度、回轉速度等磨削條件，調整控制桿。

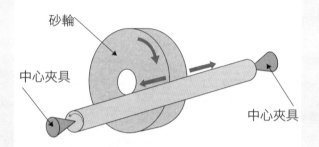

砂輪

中心夾具

中心夾具

圖17　工件與砂輪

・加工作業

　　開啟電源、回轉工件之後，操作前後移動進給手輪與左右移動進給手輪，進行磨削作業。熟悉操作後，可利用左右移動自動進給機能，加速作業程序。

圖18　加工的模樣

其他的磨粒加工

◐ 齒輪研磨

齒輪一般是以切削加工成形，但最終工程會施予**齒輪研磨**，進行表面的精密研磨。研磨方式分為，一齒一齒研磨齒輪的**成形法**，與逐步研磨整個齒輪的**滾齒法**。另外，齒輪研磨除了完成製

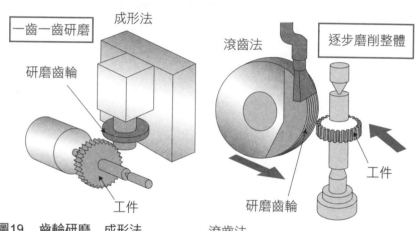

圖19　**齒輪研磨**　成形法　　　滾齒法

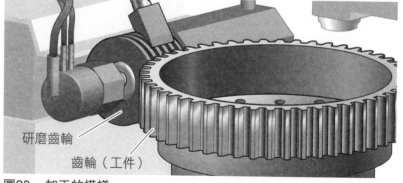

圖20　加工的模樣

品之外，齒輪使用一段時間後，也需進行**再研磨**。

◉ 搪磨加工

　　搪磨加工（honing）是，在**搪磨機**（hone）的圓筒外圍上裝設複數磨石，回轉磨石的同時，往復運動打磨工件的內面。搪磨具藉圓筒狀的夾持裝置向外施力，推壓工件的內壁，透過磨具的回轉與往復運動，進行加工公差小、高真圓度（circularity）的精密加工。

　　一般來說，搪磨加工會使用大量研磨液冷卻，以相當緩慢的速度轉動磨石進行加工。搪磨的條痕呈現交叉紋，可促進磨石的自生作用。搪磨加工主要用於，內燃機、液壓缸等圓筒內面的精密加工。

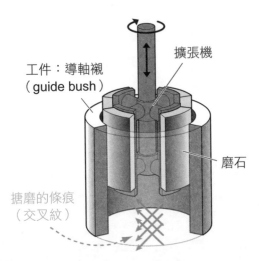

圖21　搪磨

一面回轉磨石，一面做往復運動。

⬡ 超精磨

　　超精磨（super finishing）是回轉細微磨粒的磨石，對工件表面施予低壓力，回轉工件的同時，對表面平行施予微小振幅1～5mm、10～40Hz程度的振動，一面打磨表面、一面提高精度的加工法。由於是低壓慢速的加工，且大量使用研磨液，加工面的耐磨損性、耐蝕性佳。另外，作業時間較搪磨加工來得短。

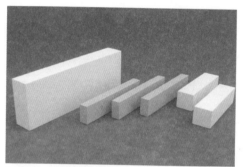
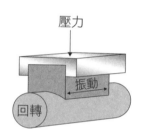

圖22　超精磨的磨石　　（圖片提供：京濱工業廠）

對工件表面施予振動。

圖23　超精磨　　（圖片提供：西部自動機器股份公司）

● 研光加工

研光加工（lapping）用於加工平滑的表面，將工件置於**研光磨具**（lap）平面台，在磨具與工件之間加入磨粒作為拋光劑，從工件上方施予壓力，進行摺動的加工法。此加工法自古用於寶石等的研磨，雖加工效率低於一般磨削，但能達成0.1μm特定的表面粗糙度、形狀精度，多用於精密加工。另外，因為研光加工不使用砂輪，而是使用游離的磨粒進行加工，所以與其稱為研磨，更接近研光。

研光磨具的材質需比工件柔軟，比如鑄鐵、銅合金等；拋光劑可使用鑽石、碳化矽、氧化鋁等磨粒。研光加工分為，在磨具上塗抹拋光劑、加工後帶有光澤的**乾式研光**；與在拋光劑中摻和工作液、加工後不帶光澤的**濕式研光**。

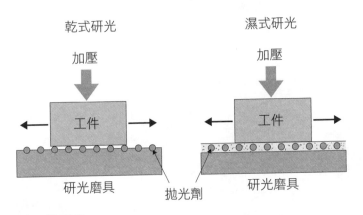

圖24　研光的原理

進行研光加工的工具機稱為**研光磨床**，分為兩面同時研磨的兩面研光磨床，與單面逐步研磨的單面研光磨床。加工時，將工件夾於研光板回轉，各研光板回轉的同時，基座也跟著回轉。

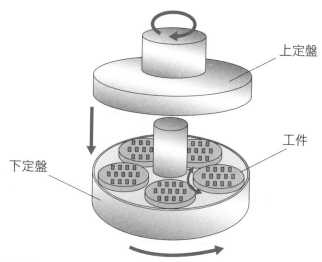

圖25　研光機

● 噴砂加工

　　噴砂加工（sandblasting）是，將磨粒與壓縮器的壓縮空氣混合後噴射，加工物件表面的方法。此加工法原用於去除金屬的鏽蝕，後來用於去除塗裝、消除毛邊、裝飾等，廣泛應用於各處。

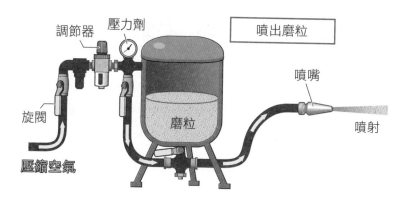

圖26　噴砂加工（戶外用）

操作形式分為在戶外噴砂進行作業、在作業箱中對細部零件加工等。

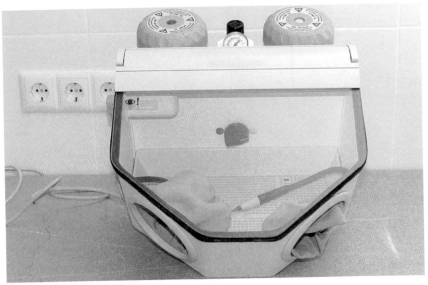

圖27　噴砂加工（箱型）

噴射細微金屬粒。

　　另外，以細金屬粒代替磨粒的噴射加工，稱為**珠擊加工**（shot peening）。除了單純的表面加工之外，工件表面因受到巨大衝擊而產生加工硬化、表面的壓縮殘留應力來提升疲勞強度等，能改善機械性質。

第6章
熔接

行經施工現場、建設工地等地方時,你也曾看過工人手上
的器具發出刺眼的強光,滋滋作響進行作業吧?那是將兩
種金屬熔化結合一體的製造法,我們稱為熔接。在本章,
我們將具體學習各種熔接原理以及其實際應用。

什麼是熔接？

　　要說接合結構材的方法，首先會想到**螺栓連接**，但對於不再拆開的部分，我們多會使用**熔接**，熔化結構材後將其結合為一體。良好的熔接具有高氣密性，加工性優於螺栓連接，也無螺頭形成表面凹凸。

　　另一方面，熔接從相較容易到需高熟練度的操作，有各種不同的形式。因此，實際進行熔接作業時，需先理解各熔接的原理、特徵，並習得作業上必要的技能。

圖1　熔接的實習情景

　　熔接的原理，分為熔融兩結構材後結合的**融接**；於兩結構材接合處加熱並施予外力的**壓接**；於兩結構材接合處加入熔點較低金屬的**焊接**。電路製作使用的**軟焊**（soldering）屬於焊接的一種。

氣體熔接

　　氣體熔接（gas welding）是，使用乙炔、氫氣、丙烷等可燃性氣體與氧氣的混合氣體，加熱、熔融金屬使其接合的熔接方式。使用氧氣與乙炔的熔接，會分別使用高壓氣體鋼瓶。氣體熔接的作業溫度約為3000℃，雖然低於超過5000℃高溫的**電弧熔接**（arc welding），但有著火焰調節容易、高接合強度等優點，廣泛用於板材的熔接。

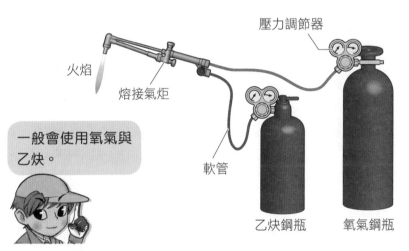

図2　氣體熔接的裝置

　　鋼瓶附有壓力調節器，以此調整氧氣、乙炔的壓力。板厚數毫米的場合，氧氣的壓力通常調整為0.15MPa（megapascal）；乙炔通常調整為0.015MPa。另外，根據JIS，氧氣軟管規定使用藍色；乙炔軟管規定使用紅色。

　　調節完氣體的壓力之後，轉動熔接氣炬上的兩個旋閥，調整氧

氣與乙炔的比例，然後以噴火槍點燃。一般會先少量釋出乙炔點燃，再釋出氧氣調整火焰的大小。

乙炔等可燃氣體較多的火焰稱為**碳化焰**（carbonizing flame），預熱氧氣較多的火焰稱為**氧化焰**（oxidizing flame），實際操作時會取兩者之間的**中性焰**（neutral flame）進行熔接作業。

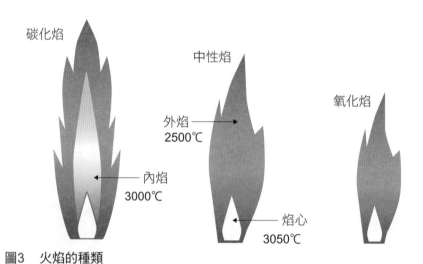

碳化焰

中性焰

氧化焰

外焰
2500℃

內焰
3000℃

焰心
3050℃

圖3　火焰的種類

氣體熔接會使用與熔接金屬相同材質的**熔接條**（welding rod）。順利完成熔接後，熔接條可使兩片母材猶如起初即為一體的效果。當然，也有不同材料融接，此時需考量熱膨脹率的不同，檢討溫度變化產生的膨脹差異。再者，一般來說，氣體熔接條的直徑約數毫米、長度約1m左右，作業時請選擇適當直徑的熔接條。

◉ 熔接作業的服裝與安全護具

進行熔接作業時，除了一般機械加工的作業服、安全鞋之外，

還需穿戴耐熱性皮革的**熔接用手套、圍裙、袖套**。防護眼睛直視刺眼火花的**護目鏡、護面罩**，與防護吸入粉塵的**防護面具**等，也是必要的安全措施。

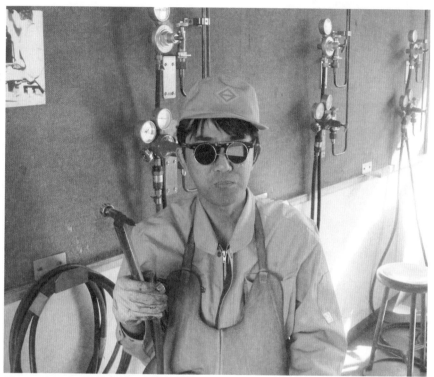

圖4　熔接作用的服裝與安全護具

　　不論哪種機械製造，皆以**作業的安全**為第一考量。特別是熔接時需使用高壓氣體在高溫下作業，又伴隨刺眼強光，發生嚴重事故的可能性較高。因此，進行熔接之前需充分接受**安全教育**，氣體熔接時得特別注意**換氣**，謹慎進行作業。

作業1　氣體熔接

　　換穿熔接作業用的服裝，穿戴安全護具之後，依下述步驟進行作業。

①壓力的調整

　　緩慢轉開高壓容器上的旋閥，調整氧氣與乙炔的壓力。一般來說，氧氣壓力會設定0.15MPa；乙炔壓力會設定0.015MPa。另外，使用後，請務必關緊高壓容器的旋閥。

②氣體的點火與滅火

　　氣體的點火會先釋放乙炔等可燃性氣體，以點火用的噴火槍點燃後，再釋放氧氣調整為標準的中性焰。滅火時先停止氧氣的釋放，再關緊可燃性氣體的旋閥。

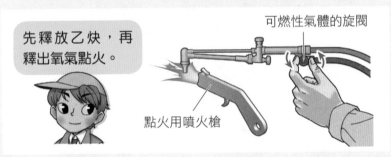

先釋放乙炔，再釋出氧氣點火。

可燃性氣體的旋閥

點火用噴火槍

圖5　點火的作業

　　點火時，請注意有無氣體洩漏聲響、異味，確認安全之後，再開始熔接作業。

③氣體熔接的作業

　　調整為適當的中性焰之後，一手持熔接氣炬、另一手持熔接條，使兩者皆與軟鋼板等母材呈約45度。如右圖，右手持熔接氣炬、左手持熔接條，向左進行熔接。

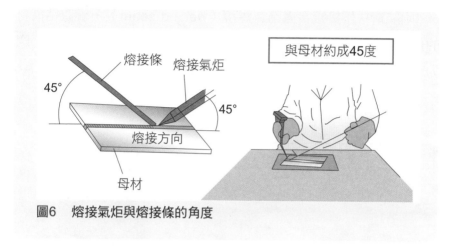

與母材約成45度

圖6　熔接氣炬與熔接條的角度

　　一開始以熔接氣炬熔化母材，透過護目鏡可看到金屬熔融的橙色熔池。熔接條置入熔池後開始融化，沿著熔接方向移動。熔接條逐漸愈短，不需過於意識沿著進行方向移動。

　　另外，進行薄板熔接作業時，可能發生薄板彎曲，需先在數處進行**定位點熔接**（tack welding）。

　　一次的熔接操作形成**焊道**（path），一條焊道上的熔接金屬稱為**焊珠**（bead），起初先以一定的速度移動熔接條，訓練作出一定寬幅的連續焊珠。理想的速度為焊珠呈圓珠狀，過慢易成橢圓狀、過快易參差不齊。

圖7　焊珠的例子

（圖片提供：ART-HIKARI股份公司）

速度　　理想　　過慢　　過快

圖8　實際的焊珠

兩結構材熔接接合處稱為**焊縫（welded seam）**，根據結構材的位置關係分為下述類型。實際操作時，考量接合處的形狀、應力狀態，檢討以什麼類型的焊縫進行熔接作業。

　　另外，為確保熔接品質，熔接時盡可能保持水平作業。

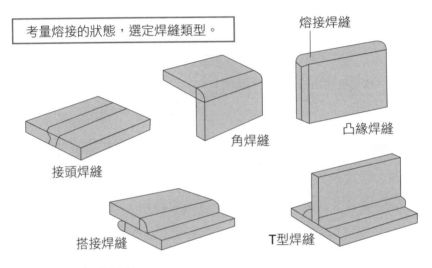

考量熔接的狀態，選定焊縫類型。

熔接焊縫

凸緣焊縫

角焊縫

接頭焊縫

搭接焊縫

T型焊縫

圖9　熔接焊縫的類型

冒出氣泡表示軟管有異常。

⚠ 注意

　　熔接用塑膠軟管的連接處，需定期檢查有無氣體外洩。塑膠軟管的氣體外洩檢查，可將塑膠軟管置入水中或者塗抹檢測用的肥皂水進行。

圖10　檢查塑膠軟管

火焰切割

　　提高氣體熔接的氧氣壓力，使鋼鐵材料與氧氣產生劇烈反應，這樣切斷鋼材的方式稱為**火焰切割**（或稱氧氣切割），將氣體熔接氣炬換成切斷用的氣炬進行作業。火焰切割用的氣炬上，除了切斷用的氧焰口之外，還有預熱焰的焰口，將鋼板面預熱超過900℃後，噴射高壓氧氣切斷鋼材。

　　進行火焰切割時，會以0.2～0.35MPa壓力的氧氣，切割數毫米至數十毫米厚的鐵板。但是，火焰切割不適合鋁、銅等熔點低的金屬。

提高氧氣壓力，一口氣切斷材料。

① 切割吹管

② 焰口

③ 白焰 前端溫度：3300℃

④ 預熱焰
　氧氣與乙炔的混合氣體

⑤ 切割氧氣

當鋼板表面的點火溫度達900℃時，噴射高壓氧氣。

白焰③　　②焰口　　④ 預熱焰

鋼板　　　　　　　熔融鋼

⑤ 切割氧氣

圖11　火焰切割的原理

手動火焰切割不易切得筆直，可使用附車輪的**熔接機**沿著軌道移動，自動熔斷成直線狀。

圖12　　自動火焰切割機

使熔接機在軌道上移動。

哇！噼啪噼啪濺出火花，好有魄力呦！

沒錯。這樣才能熔化接合鐵材嘛！真想快點學會這項技能。

電弧熔接

　　電弧熔接是，利用母材與電極間發生**電弧放電**的現象產熱，熔化接合金屬的熔接法。放電現象是，移開通有電流的兩電極時，為維持電流持續流通，產生劇烈光與熱的現象。電弧熔接是將電力換成熱能，不使用氣體而以電力代替。就一般的熔接溫度來說，氣體熔接約為3000℃，而電弧熔接為5000～7000℃的高溫，能處理比氣體熔接更厚的母材。

　　為防止熔融金屬氧化，以塗佈遮護劑的熔接條作為電極，稱為**遮蔽金屬弧熔接**（shieldedmetal-arc welding），屬於一般的電弧熔接。與電弧接觸的部分，金屬會熔化成熔融池，移動熔接條進行作業。

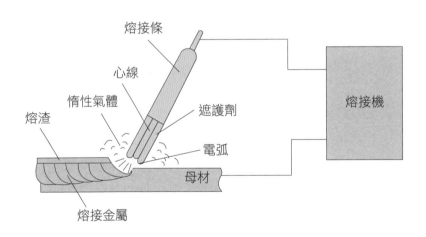

圖13　電弧熔接的原理

作業2　電弧熔接

與氣體熔接相同，換穿熔接作業用的服裝，穿戴安全護具之後，依下述步驟作業。請穿戴比氣體熔接更厚的防護手套，並設置熔接屏障等阻隔閃光擴散。

①電弧熔接的準備

穿戴護具之後，將必要的母材置於工作台，把溶接機的電弧連接到工作台。

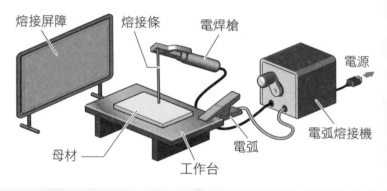

圖14　電弧熔接的準備

②電弧融接的作業

依母材的種類選定熔接條，夾於電焊槍，根據母材的厚度設定熔接電流，開啟熔接機的電源。將熔接條與母材維持直角，上下敲擊或者橫向摩擦母材，使其產生電弧。產生電弧後，使母材與熔接條的間隔近似於熔接條的直徑（2～3mm），保持電弧的安定。此時，距離若不固定，可能造成電弧消失。

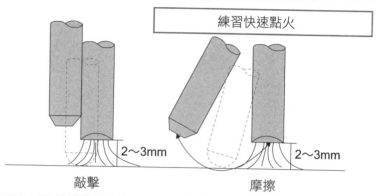

練習快速點火

2～3mm

2～3mm

敲擊 　　　　　摩擦

圖15　電弧的產生法

③焊珠的軌跡

　　產生安定的電弧之後，先嘗試直線熔接，使熔接條與行進方向傾斜約10度。此時，隨著熔接處的金屬熔化，表面會積起熔接條的金屬。這個熔接的軌跡稱為焊珠（bead）。熟習操作後，除了一直線之外，也可用三角形、圓形等方式移動，以一定寬幅進行熔接。這樣的作業稱為**交織焊珠**（weaving）。

　　熔接有一定厚度的金屬時，在接合處作出帶有角度的溝槽，使溝槽內形成數層焊珠，這樣的作法稱為**對頭熔接**（butt welding）。

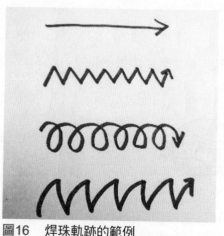

圖16　焊珠軌跡的範例

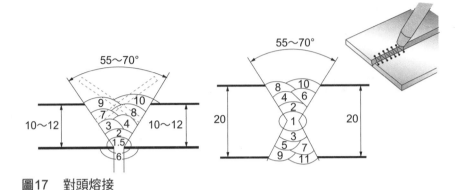

圖17　對頭熔接

　　除此之外，如同氣體熔接介紹的T型焊縫，電弧熔接還有不同類型的焊縫。另外，構造物的熔接等，基本上都是採取向下姿勢進行作業，所以以向上姿勢進行熔接作業時，需檢討與重力作用下的差異。

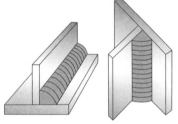

圖18　T型焊縫的熔接

哇！這比氣體熔接更有魄力耶！

對啊。但是，真的很難焊出筆直的焊珠，雖然很有趣，卻不好操作。

我以前曾經看過這樣噼啪噼啪的施工現場，但沒想到竟然這麼複雜。

電阻熔接

利用欲熔接母體通入電流所產生的**焦耳熱**使母體熔解，再以加壓進行接合的熔接，稱為**電阻熔接**（resistance welding）。焦耳熱是，具電阻的導體通入電流所產生的熱能。因此，由熔接裝置提供電力，加壓時數毫秒～數秒間通有數十～數十萬安培的電流。雖然使用大電流，但因電壓低下，在安全操作的情況下，不會有觸電的危險。

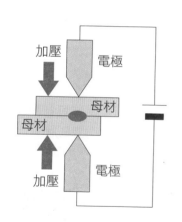

以電生熱的方式熔接。

圖19　電阻熔接的原理

相較於氣體熔接、電弧熔接，電阻熔接比較不要求作業者的熟練度，又因不使用熔接條等輔助材料，能進行乾淨的接合。另外，大電流熔接縮短作業時間、幾乎無顯眼的熔接痕跡、適合機械手臂自動作業等優點，以汽車工廠開始，電阻熔接廣泛應用於各處。

電阻熔接中，母材的電阻愈大愈易熔化，與電阻小的鋁材相比，電阻大的鋼鐵材料能以較小的電流熔接。熔接作業中，根據母材的材質、厚度，決定適當的熔接電流、通電時間、熔接處的施加壓力等，進行作業。

　　電阻熔接又進一步分為，從搭接焊縫的兩側以銅合金電極點接觸加壓的**點熔接**（spot welding），與加壓通電回轉滾輪式電極連續熔接母材的**縫熔接**（seam welding）。

　　如同汽車使用的鋼板，板厚較薄的鋼板多採用點熔接；要求氣密性、水密性的容器等，則採用縫熔接。

　　雖然兩種熔接法皆看似單純，但實際操作熔接時，熔接機的焊臂需接觸工件，配合工件形狀更換適合的焊臂，以利作業進行。

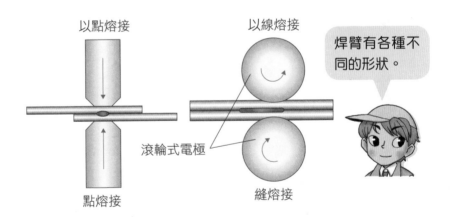

以點熔接　　　　以線熔接

焊臂有各種不同的形狀。

滾輪式電極

點熔接　　　　縫熔接

圖20　電阻熔接的種類

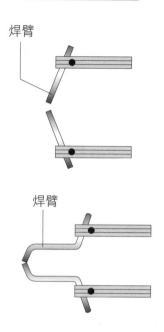

焊臂

焊臂

圖21　點熔接機
（圖片提供：ART-HIKARI股份公司）

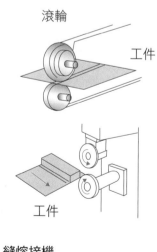

滾輪

工件

工件

圖22　縫熔接機
（圖片提供：ART-HIKARI股份公司）

TIG熔接

　　使鎢電極與被熔接物之間產生電弧，藉惰性氣體遮斷熔融金屬與大氣接觸的熔接法，稱為**TIG熔接**（鎢極惰氣電弧熔接）。其中，TIG是Tungsten Inert Gas的略稱，一般常用的惰性氣體是氬氣。作為電極的鎢極幾乎不會消耗，所以熔接條多用於補充熔融處的金屬。熔接條幾乎與母材相同的材質，通常選擇無使用遮護劑的金屬。

　　TIG熔接適用各種金屬的熔接，不鏽鋼的熔接使用**直流TIG熔接機**；鋁的熔接使用**交流TIG熔接機**。

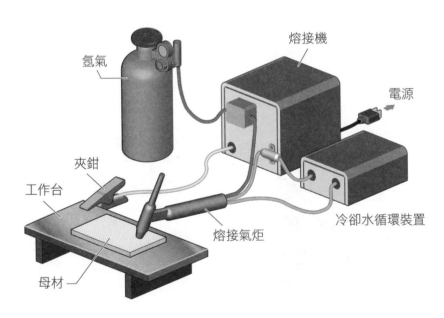

氬氣

熔接機

電源

夾鉗

工作台

冷卻水循環裝置

熔接氣炬

母材

圖23　TIG熔接的構造

作業3 鋁的TIG熔接

①TIG熔接的準備

　電極使用前端稍圓、自噴嘴突出5mm的鎢極。設定熔接電流，鋁的場合使用交流電。

②TIG熔接的作業

　一手持熔接氣炬，與母材保持垂直偏斜10度，以拇指按壓氣炬開關。起初先不使用熔接條熔化鋁的母材，待電弧穩定後，緩慢移動氣炬。當能夠筆直熔化母材時，另一手持鋁的熔接條，與母材呈約15度插入熔融池，待熔接條開始熔化，保持熔接氣炬與熔接條原本的角度，沿著熔接方向移動。

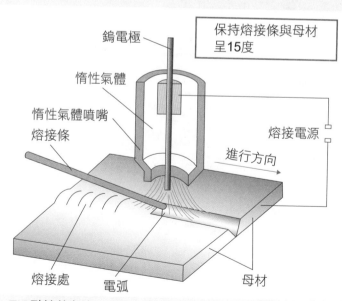

鎢電極

惰性氣體

惰性氣體噴嘴
熔接條

保持熔接條與母材呈15度

熔接電源

進行方向

熔接處　　電弧　　　　　母材

圖24　TIG融接的角度

③焊珠的軌跡

如同電弧熔接，熔接氣炬除了一直線移動之外，可於熔接處交織焊珠來進行作業。

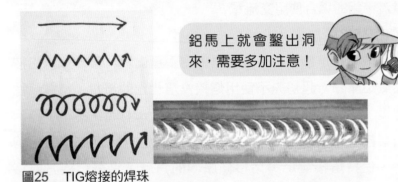

鋁馬上就會鑿出洞來，需要多加注意！

圖25　TIG熔接的焊珠

圖26　實際的TIG熔接

其他熔接

● 二氧化碳熔接

　　遮斷熔接處與大氣接觸的惰性氣體，使用碳酸氣體二氧化碳的熔接法，稱為**二氧化碳熔接**。此熔接法是，以捲成線圈狀的**熔接絲**代替熔接條，從送給裝置供給至熔接氣炬的前端。因為電極使用幾乎與母材相同的熔接絲，所以又稱為**MIG熔接**（金屬惰氣電弧熔接）。其中，MIG是Metal Inert Gas的略稱。

　　實際作業上，按壓氣炬開關後可自動供給熔接絲，所以又稱為**半自動熔接**。

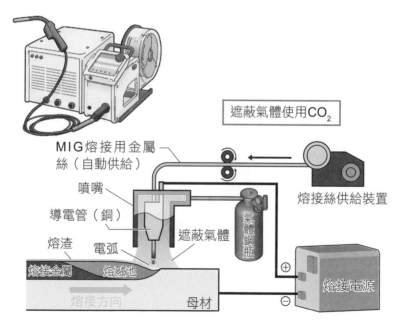

遮蔽氣體使用CO_2

MIG熔接用金屬絲（自動供給）

噴嘴

導電管（銅）

熔渣

電弧

遮蔽氣體

熔接絲供給裝置

氣體鋼瓶

熔接金屬　熔融池

熔接方向　　　　母材

⊕

⊖

熔接電源

圖27　碳酸氣熔接

⬡ 潛弧熔接

如同碳酸氣熔接，使線圈狀熔接絲的前端與母材之間發生電弧，在溶接處使用粒狀的助焊劑*（flux）的熔接法，稱為**潛弧熔接（submerged arc welding）**。此熔接法以超高電流進行熔接，因有著助熔劑不發出電弧光、不受風的影響、成品外觀優美等特徵。熔接絲、助熔劑的供給設於自動熔接機內，作為自動電弧熔接法的先驅，率先導入造船業等領域。

另外，submerge意味著包覆隱藏的意思。

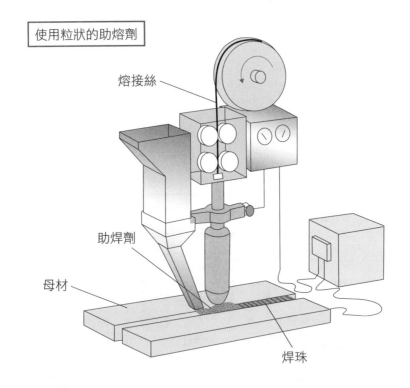

使用粒狀的助熔劑

熔接絲

助焊劑

母材

焊珠

圖28　潛弧熔接

＊助焊劑：除去金屬材料、熔填金屬熔接後產生的氧化物等有害物質，用以保護母材表面。

● 電漿切割

火焰切割是，使鐵與氧激烈反應產生約3000℃的高溫，用以切斷金屬。然而，這樣難以切割不鏽鋼、鋁合金等不易氧化的材料。

與此相對，將電漿化的氧、空氣直接噴射於母材，產生1萬℃以上的高溫熱能切斷金屬的方式，稱為**電漿切割**（plasma cutting），廣泛用於火焰切割無法切斷的材料、軟鋼的高速切斷等。

另外，電漿是提高空氣中氣體分子的溫度，劇烈動能打斷原子核與電子間結合力的現象，原子核與電子呈現游離狀態。

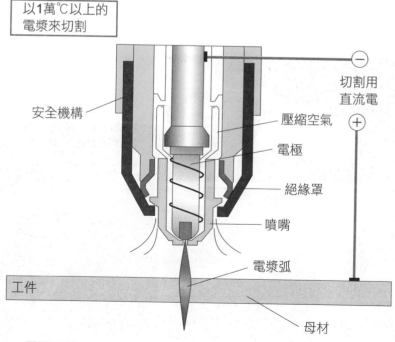

圖29　電漿切割

⬡ 焊接

　　將熔點低於欲接合母材的**金屬焊料**，注入接合處的熔接法，稱為**焊接**。焊接不會熔化母材，除了可用於薄板、精密零件的接合之外，焊料的滲透可接合複雜形狀的零件，還能進行不同金屬、非金屬的接合。

　　用於焊接的金屬焊，分為熔點低於450℃的**軟焊料**與熔點高於450℃的**硬焊料**。電子工作中接合零件的軟焊，使用軟焊料的主要成分為錫、鋅等。另一方面，使用硬焊料的熔接稱為**硬焊**，有**銀焊、黃銅焊**等。

　　進行硬焊作業時，塗抹助熔劑可去除接合處的氧化皮膜，以噴燃器加熱後，將焊料抵於接合處，使焊料迅速熔入接合零件。

圖30　硬焊　　（圖片提供：新富士噴燃器）

硬焊專用的RZ-400。

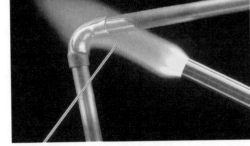

銀焊　　　　　　　　　　　　　　鋁焊

將熔化的金屬注入模具中，冷卻固化成所定形狀的製造法，稱為鑄造。與板材、棒材的組合相比，鑄造能夠簡單作出更為複雜的形狀。在本章，我們將具體學習各種鑄造方法。

什麼是鑄造？

　　鑄造是將熔化的金屬注入模具中，冷卻固化成所定形狀的製造法。鑄造的優點有：低價生產難以板棒組合作成的複雜形狀、特殊大小，且能作成熔接、螺絲固定較少的製品。而鑄造的缺點有：機械性質劣於塑性加工、難以呈現精密的尺寸精度、表面較為粗糙。有鑑於此，人們發明了各種鑄造法改善這些缺點。

　　鑄造作成的製品稱為**鑄件**，具有代表性的材料有**鑄鐵**，但也會使用其他像鋼鐵材料、適於鑄造的鋁合金、銅合金。

圖1　鑄造的作業現場　　　　　　　　　　　　　（圖片提供：錦正工業）

大佛的製作方式

　　鑄造自古以來便用於大佛等大型物件的建造。製作大佛時，會先以木材等作出與佛像相同的原型，周圍以黏土包覆固定，待黏土乾燥後，拆成數個零件，燒固成黏土模具。削去原型表面數公分，裝回黏土模具，填土包覆周圍，最後將熔融的金屬（大佛像是使用銅）注入原型與模具的間隙。

鑄造是具有歷史代表性的加工法。

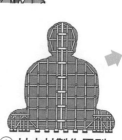

① 以木材製作原型

② 以黏土包覆固定

③ 乾燥後拆離

⑤ 完成

金屬

③的模具

②切削過的原型

填土

④ 澆鑄

圖2　大佛像的製作方式

確認注入的金屬完全固化後，拆離填土取出大佛，最後進行細部的整修、塗抹金箔等工程。鎌倉大佛建造當初也是金光熠熠，但長期受到酸雨等侵蝕，本體的青銅逐漸發黑，形成顯眼的綠白色鏽蝕。

圖3　鎌倉大佛

咦？大佛是這樣作出來的啊？我之前都不知道！這應該使用很多金屬吧？真想看看大佛金光閃閃的樣子。

現在應該很少進行如此巨大的鑄造了吧。我也想快點嘗試鑄造實作。

什麼是鑄鐵？

鑄鐵，指的是含碳（C）2.14～6.67％、矽（Si）1～3％的鐵（Fe）合金。鑄鐵的熔點在1150～1200℃之間，比純鐵的熔點低約300℃。因為熔點低、流動性佳，適合用於鑄造的材料。

碳、矽含量多的鑄鐵，因石墨粗大造成抗拉強度低下，不適合作為結構材。而鑄鐵易於加工，具有高硬度、高抗壓強度、高耐磨性等性質，廣泛用於工業材料。

灰口鑄鐵（gray cast iron）是一般常見的鑄鐵代表，因石墨較大且呈片狀，所又稱為**片狀石墨鑄鐵**（flake graphite cast iron）。這個片狀組織是材料脆弱的主因，進行鑄鐵的切削加工時，產生的切屑不為連續，而是支離破碎的片狀或粉狀。灰口鑄鐵的名稱源自鑄鐵的顏色呈現老鼠灰，但也有人說是因為片狀組織看似老鼠的尾巴（日文原文「ねずみ鋳鉄」直譯為「老鼠鑄鐵」）。

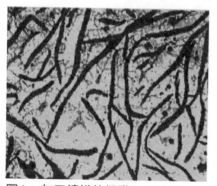

圖4　灰口鑄鐵的組織

片狀組織看起來像老鼠的尾巴？

（圖片提供：一般社團法人日本延性鑄鐵管協會）

片狀的石墨是鑄鐵脆弱的主因，所以鑄鐵材料會添加鎂（Mg）、鈣（Ca）、鈰（Ce），使石墨成為圓球狀的**球狀石墨**（globular graphite）。球狀石墨大幅改善了脆弱的問題，提升耐磨性等機械性質，稱為**強韌鑄鐵**。例如，拉伸片狀鑄鐵的圓棒，幾乎不會延長而直接斷裂，但強韌鑄鐵能夠拉長。然而，石墨球狀化的機制迄今仍未解明。

強韌鑄鐵有著優於灰口鑄鐵的抗拉性、延展性、韌性，廣泛用於要求高強度的汽車零件、自來水管等用途。另外，強韌鑄鐵又稱為**延性鑄鐵**（ductile cast iron），其中，延性（ductile）意謂著強韌。

另外，為了提升鑄鐵的耐熱性、耐蝕性等機械性質，也有添加鉻（Cr）、鎳（Ni）等合金元素的**合金鑄鐵**（alloy cast iron）。

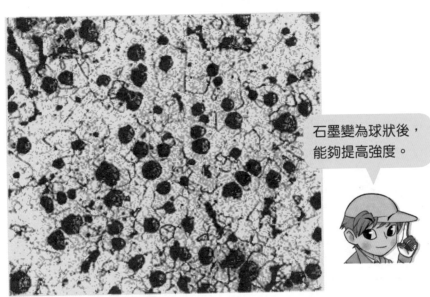

石墨變為球狀後，能夠提高強度。

圖5　球狀石墨鑄鐵的組織　　　　　（圖片提供：一般社團法人日本延性鑄鐵管協會）

什麼是鑄造用鋁合金？

　　鑄造用鋁合金以700～750℃的溫度熔化，澆注模具成形。合金成分中添加矽、鎂等，提升其鑄造性。因為熔點遠低於鑄鐵，除了將熔融金屬澆注砂模的**砂模鑄造**（sand casting）之外，也廣泛用於將熔融金屬壓入金屬模具，短時間大量生產高尺寸精度鑄件的**壓鑄**（die casting）。各種鑄造用鋁合金會先作成**鑄錠**（ingot），再以熔解爐熔化鑄造。

　　鑄造用鋁合金的主要用於引擎、變速器等汽車零件，以及家電產品、日常用品。

　　除此之外，銅合金、鎂合金、鈦合金等也是常見的鑄造用材料。

鋁合金的熔點遠低於鑄鐵。

圖6　鋁合金的鑄錠

砂模鑄造

砂模鑄造法是以砂作成模具，再澆注熔融金屬的製造法，西元前已開始使用。砂模鑄造中，需先製作與目標物件相同形狀的模型（木模），接著將木模埋入下砂箱，覆蓋上砂箱完成砂模。以搗棒夯實之後，分離**上砂箱**（cope）與**下砂箱**（drag），取出木模，再將熔融金屬澆入形成的空間。

目標鑄件要求內部中空的場合，需於鑄模中插入**砂心**（sand core）。其中，熔融金屬稱為**熔融液**；澆注金屬液的部分稱為**澆口**（sprue）；預防熔融金屬凝固時收縮的部分稱為**冒口**（riser）。另外，為了使金屬液容易充滿整個空間，砂模會鑿出**排氣孔**。

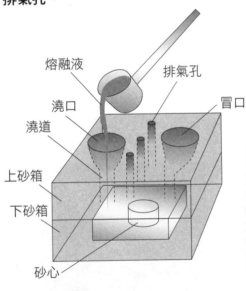

圖7　砂模鑄造法

澆鑄前的砂模

作業1　手工砂模鑄造

・準備工具

鑄砂、篩網、搗棒、平面台、砂箱、木模、澆口棒、冒口棒、其他工具。

①木模的準備

　　本來應從木模的設計、製作開始，但這邊從木模的準備來說明。這次舉簡單的形狀為例子，但實際上木模可由複數零件所構成，作成更為複雜的形狀。

②鑄模

　　在平面台上放置作為下模用的砂箱，將木模與砂心置於中央，裝入鑄砂後以搗棒夯實。此時，均勻灑上適度的水分，保持表面濕潤，以防鑄模乾裂。分別使用數種搗棒夯實之後，反轉下砂箱使下砂箱上方平整，以便與上砂箱無縫接合。

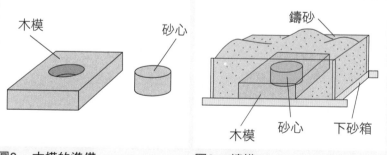

圖8　木模的準備　　　　圖9　鑄模

　　接著，撒砂以便後續的上砂箱拆離。至此，下砂箱可與上砂箱完整接合，置入澆注熔融金屬的澆口棒、冒口棒之

後，樁砂鑄成模具。此時，以細棒鑿出數個氣體排出孔。

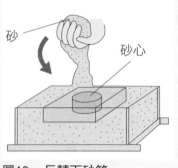

圖10　反轉下砂箱

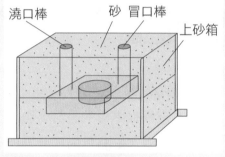

圖11　上砂箱的鑄模

接著，拆離上下砂箱，注意不可使砂子坍塌，取出木模、澆口棒、冒口棒。

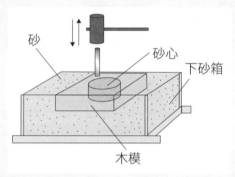

圖12　取出木模

③澆鑄

準備至此，終於要進行**澆鑄**，將熔融金屬注入鑄模中。澆鑄用的金屬先以熔解爐熔化。

熔解爐的種類，有將鐵材與焦炭置入筒狀耐火材質的容器，從下方送風助燃，以焦炭的燃燒熱進行熔化的**熔鐵爐**

（cupola）、通入交流電於纏繞熔爐周圍的線圈，誘發金屬
材料感應電流進行熔化的**感應電爐**（induction furnace）、以
及在電極與金屬材料之間施予電壓誘發產生電弧，以電弧熱
進行熔解的**電弧爐**（electric arc furnace）。

　　澆鑄時不需著急，確實排出鑄模中空處的空氣。將熔融
液澆入鑄模，長時間放置冷卻後從鑄模取出，完成**鑄品脫模**
（shake-out）的作業。

④完成

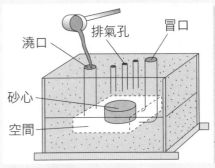

圖13　澆鑄

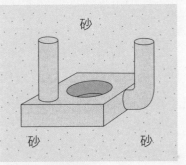

圖14　鑄品脫模

　　脫模取出鑄件時，表面
還附有砂子，殘留澆口、冒
口的部分。因此，還需進行
珠擊（Shot blast），以金屬
小球撞擊鑄件，除去鑄件上
澆道、毛邊，使表面光平。

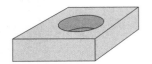

圖15　完成品

工廠參觀

錦正工業股份公司
http://www.kinsei.jp/

　　機械男與電子女在學校的小型電力爐實習完之後，有幸實際參觀鑄造工廠。

 機械男

　　哇！原來是這樣以機械作出砂的鑄模啊！

 工廠長

　　是的。這稱作造模機。僅靠手工大量製作鑄模，作業效率實在不佳，所以我們才決定改以機具代勞。而且，這間工廠設計成所有工程都與輸送線（conveyor line）連接，零件移至下道工程時不需要任何人力。

 電子女

　　哇——工廠設計成自動化生產線，真是太厲害了！而且，在前

圖16　造模機

作《3小時讀通基礎機械設計》有學到，自動化生產線還使用了氣壓缸的順序控制嘛呢。

 工廠長

你們有學過順序控制？說到鑄造工廠，大部分人都只注意澆注橙色的熔融金屬，但我們必須綜觀整個製品工程。

 機械男

原來是這樣。可是，鑄造有趣的地方果然還是澆鑄，我好想快點參觀！

 工廠長

好的。這邊是感應電爐。鑄鐵的成分是來自，利用衝壓加工的廢料，在這邊加入合金成分作成鑄鐵。

 電子女

不是使用鑄鐵錠，而是在這邊作成鑄鐵嗎？沖壓加工的廢料在不同地方，也能搖身一變成為有用的材料耶！

圖17　感應電爐

沖壓廢料

工廠長

　那麼，接下來是澆鑄工程了。首先，將感應電爐移至搬運用的
容器中，使用吊臂將鑄模移至作業場所。

圖18　取出熔融金屬

圖19　搬運熔融金屬

工廠長

　終於要開始澆鑄了。使用吊臂吊起容器，緩慢移動澆注複數的鑄模。

圖20　澆鑄

 電子女

　哇！太厲害了！工程一點都不拖泥帶水呢。

 機械男

　厲害。這比學校的電力爐還要大，魄力感完全不同。但是，運作這樣的電力爐熔鐵，電費應該相當可觀吧？

工廠長

是的，沒錯。與切削加工、塑性加工的工廠相比，我們花費相當多的電費。鑄件取出之後，還需進行珠擊、去除毛邊等作業。另外，若想追求尺寸精度，還得進行後工程，導入車床加工、銑床加工等。這就是我們鑄造工廠主力製品的滑輪。

機械男

滑輪是這樣製造出來的啊！的確從金屬塊切削成這樣的形狀，是一件大工程呢！

電子女

這是將三角皮帶裝至V型溝槽的三角皮帶輪嘛！三溝皮帶輪具有3條溝槽，能夠傳遞相當大的力量吧！

圖21　皮帶傳動

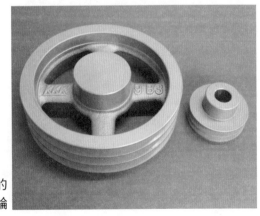

圖22　砂模鑄造製成的
　　　 三角皮帶輪

脫蠟鑄造

　　脫蠟鑄造（lost wax casting）是，以熔點較低的蠟材代替木模製作原型，以鑄砂填固周圍後熔化除去蠟材，再將金屬注入形成的空洞作成鑄件的製造法。

　　蠟材可經由加熱後流出，不需要如木模的分割模具。因此原型比木模有著更高的自由度，可一體鑄造複雜的形狀。另外，鑄件表面平滑且尺寸精度高，可省去後續機械加工的工程，降低製作成本。

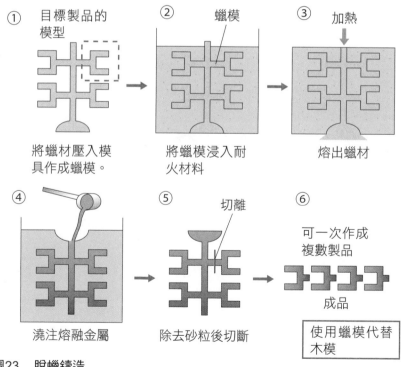

① 目標製品的模型

② 蠟模

③ 加熱

將蠟材壓入模具作成蠟模。

將蠟模浸入耐火材料

熔出蠟材

④

⑤ 切離

⑥ 可一次作成複數製品

澆注熔融金屬

除去砂粒後切斷

成品

使用蠟模代替木模

圖23　脫蠟鑄造

殼模鑄造

殼模鑄造（shell mold casting）是，以添加熱硬化性樹脂的鑄砂加熱作成模具，將金屬注入硬化的鑄模作成鑄件的製造法。Shell是貝殼的意思，因為鑄模的形狀近似貝殼，才因而稱作殼模。

與砂模鑄造相比，鑄件表面平滑、尺寸精度高，而且鑄造後不需加工，屬於**精密鑄造法**的一種。

殼模鑄造雖有熱硬化性樹脂價格不菲、鑄造時黏結劑易因高溫而散發異臭、鑄件的大小受到限制等等缺點，但仍可活用其優點進行鑄造。

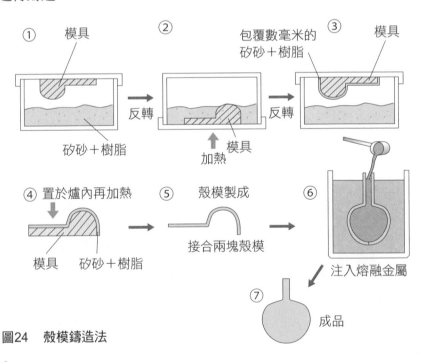

圖24　殼模鑄造法

壓鑄法

　　壓鑄法（die casting）是以高溫加壓熔融金屬後，注入精密模具，能作成高精度、表面平滑鑄件的製造法。因為使用金屬模具，除了熔點高的鋼鐵材料之外，也可熔化鋁合金、鋅合金等，於700～800℃作成鑄件。壓鑄法的英文是由Die（模具）與Casting（鑄造）合成的詞彙，又可稱為壓模鑄造。

　　壓鑄法的特徵有高尺寸精度、表面平滑、適合大量生產。另外，與其他鑄造法相比，壓鑄法也適合製作薄壁鑄件。

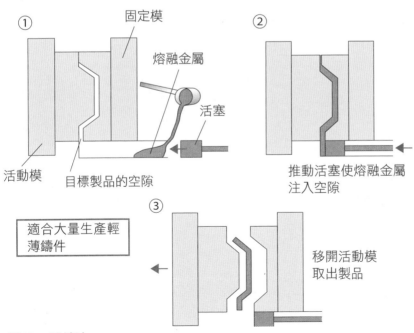

圖25　壓鑄法

鑄造工廠的作業真是魄力十足！我第一次看到熔化的鑄鐵散發著橙色的光輝！

對啊！反覆這樣的作業來製作大佛，真是一大工程。作業看似單純，卻很深奧呢！鑄品脫模時也令人緊張得不得了呢！若是失敗的話，東西就變成廢品了。這麼說來，東西不能使用在日語被形容成「お釈迦になる（報廢。『お釈迦』原指釋迦牟尼）」，就是從鑄造衍伸出來的嗎？

沒錯！這個用法據說是鑄造業者原本要做阿彌陀佛卻失敗作成釋迦牟尼而來的，意指作壞的不良品、不能使用的東西。

我從參觀鑄造工廠的前輩那聽說，鑄造現場被稱為3K（危險、辛苦、骯髒）職場，非常辛苦。但前輩也說，在那裡工作的人都顯得神采奕奕，令人印象深刻！

聽說近期即將導入金屬用的3D列印機，鑄造業之後會變得如何呢？

光想就覺得很有意思，我想它們應該能夠順利並存吧！

第8章
數控工具機與產業用機械手臂

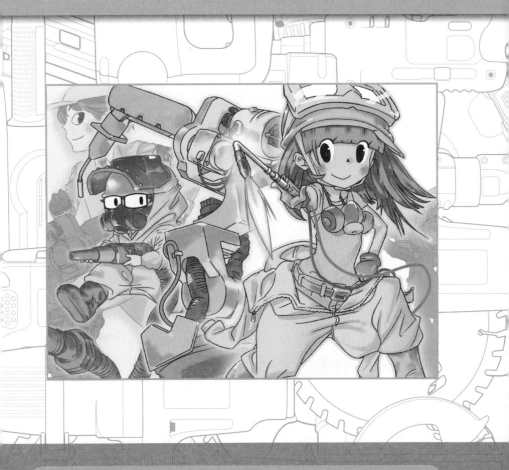

透過電腦程式自動加工物件、工具的數控工具機,以及透過數值控制運作代替人類手臂的機構執行各項作業的產業用機械手臂,現已廣泛用於製造前線。

在本章,我們將學習基本的工具機的運作,以及數控工具機與產業用機械手臂的相關知識。

什麼是數控工具機？

　　隨著時代由人力轉向機械，加上以機械製造機械的**工具機**登場，生產製造愈加要求高速度、高精度。工具機問世後，除了在大量製造的生產線僅反覆單純操作的勞動員工之外，出現精益求精從事高難度作業的熟練工人。面對這樣的作業，除了要求精確性之外，更加追求速度。

　　1950年代以後，透過以數值指示器具動作的數值控制，人們可藉由電腦代勞過去人類執行的動作。數值控制的英文表為NC（Numerically Control），裝設數值控制裝置的工具機，稱為**數控工具機**或者**NC工具機**。順便一提，裝設數控裝置的數控銑床，乃由麻省理工學院（MIT）於1952年研發出來。

　　根據日本工業規格（JIS），NC定義為：「數值控制工具機是將相對工件的刀具路徑，以及其他加工上所需的作業工程等轉為對應的數值控制執行動作，並加以管理。」

　　其次，以非單純的數值控制對應工具機的多樣化、高性能化，搭載實現高度動作的電腦（Computerized）的NC工具機，**CNC工具機**也相繼問世。現今工具機多已搭載電腦，即使稱為NC的工具機，實質上也多為CNC工具機。

數控工具機的構成

　　工具機的共同構成有：堅硬安定的**本體構造部**、高速、高精度移動工作台的**主要運動部**、可回轉及固定刀具的**主軸部**等。而數控工具機則是，將這些工具機加上**數控裝置**。

　　過去人工比對工件與手邊的刻度，操作控制桿進行加工的部分，現在是如何改成自動化呢？

　　以物體的位置、方位、姿勢等為控制量，自動追蹤目標值的運作機構，稱為**伺服機構（servo mechanism）**。根據傳送至此的數位訊號量值，各種伺服馬達（servo motor）實現高速、高精度的動作。

　　雖然從發出訊號到實際做出動作之間，還存有些微的時間延遲，精度上也有著些許的誤差，但現今使用的伺服工具機，已能實現0.5ms以下的高速應答、0.1μm等級的高精度。

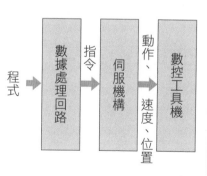

圖1　數控工具機的構成

數控程式的基礎

數控工具機的座標系

欲以數值控制移動刀具、工作台，需有記述位置的**座標系**，簡單記述空間的方法有X、Y、Z直角坐標。另外，如欲回轉運動，也可在各軸上表示回轉。

不管是哪種情形，都是從以某個點為座標系的原點，定義各軸以及回轉方向（正負）開始。

另外，程式建立座標的方法分為，由加工原點表示絕對座標的**絕對指令（absolute command）**，與由前一個位置增量表示的**增量指令（incremental command）**，根據不同場合區分設計數控程式。例如，在Z軸方向的深度指令以＋表示抬刀、－表示削入，一般常用絕對指令來設計。

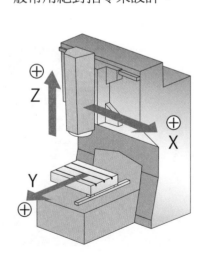

圖2　直角座標系

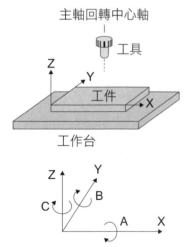

圖3　回轉運動的軸

數控的程式設計

　　為了使數控工具機自動進行加工，作業的開始與結束、刀具的主軸回轉速度、移動量、加工順序、刀具交換等，皆需轉為程式碼。

　　其中，常用的程式格式有**準備機能G編碼**與**輔助機能M編碼**，兩編碼在日本工業規格（JIS）有詳細規定。

　　G編碼是，在G後面接上兩位數字，用以指令刀座的移動；M編碼是，在M後面接上兩位數字，用以指令主軸的回轉、切削油的注入與停止等輔助動作。下表介紹常見的G編碼、M編碼與程式設計的例子。

表1　常見的G編碼

G00	快速移動定位
G01	切削進給（線性插值） 以F○○指定進給速度（mm/rev）
G02	切削進給（順時針圓弧插值） 以F○○指定進給速度（mm/rev）
G03	切削進給（逆時針圓弧插值） 以F○○指定進給速度（mm/rev）
G04	暫停 以F○○○○指定暫停
G90	絕對指令
G91	增量指令

表2　常見的M編碼

M00	程式停止
M01	選擇停機
M02	程式終止
M03	主軸正轉
M04	主軸逆轉
M05	主軸停止
M06	刀具交換

　　表示X座標與Y座標移動的程式，下面介紹絕對指令與增量指令兩種範例。

　　其中，F50表示進給速度50mm/min

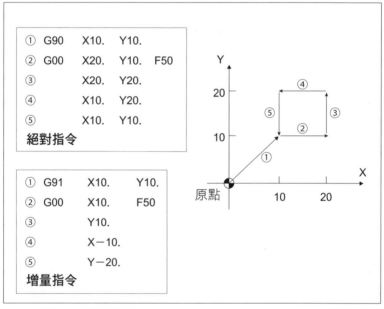

圖4　絕對指令與增量指令

▶數控程式的範例

圖5為移動切削工具加工形狀的程式範例。

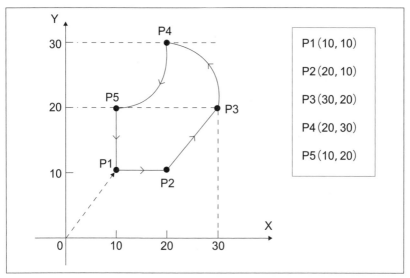

圖5　加工形狀的座標表示

G00	X10, 0	Y10, 0;	快速移動至P1，
		Z10, 0;	Z座標為10
G01	Z−2, 0	F100;	朝Z方向切削進給，
	X20, 0	F200;	向P2進給3.0mm
	X30, 0	Y20, 0;	向P3的進給速度為100mm/rev
G03	X20, 0	Y30, 0 R10, 0	圓弧插值（逆時針回轉）至P4
G02	X10, 0	Y20, 0 R10, 0	圓弧插值（順時針回轉）至P5
G01	Y−10, 0		直線切削至P1
G00	Z40, 0;		快移至Z座標40，
	X0, Y0;		返回程式原點

圖6　G編碼的程式

4 各種數控工具機

◎ 數控車床

　　數控車床是在各種車床裝設數值控制裝置，以數值指令刀座的移動距離、進給速度的機具。

◎ 數控銑床

　　數控銑床是各種銑床裝設數值控制裝置，以數值指令刀具的移動距離、進給速度的機具。數值控制可正確地移動縱、橫、高三軸，切削人工操作無法製成的複雜曲面。

圖7　數控車床LB3000EXII

（圖片提供：OKUMA）

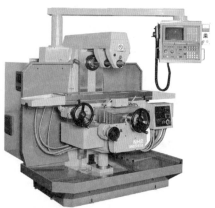

圖8　數控銑床NH2

（圖片提供：IWASHITA）

◉ 綜合加工機

在工具機的世界裡，除了NC之外，我們也經常看到MC。MC是**綜合加工機**（Machineing Center）的略稱，是裝有**自動換刀機構**（ATC: Automatic Tool Changer）的數控銑床。

即便編碼驅使數值控制的程式，若換刀還需人工執行的話，效率也難以提升。MC對自動化加工有著極大的貢獻。其中，裝設複數刀具的組件，稱為**刀具庫**（tool magazine）。

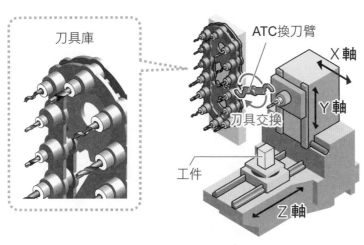

刀具庫

ATC換刀臂

X 軸

Y 軸

刀具交換

工件

Z 軸

圖9　自動換刀機構

使用綜合加工機，一檯機具便能進行銑削、搪孔、鑽孔、攻螺紋等不同的加工。但是，工件與工具的位置僅以X、Y、Z三軸表示，有時仍需變更工件的角度位置。為了解決這個問題，人們發明了五軸、六軸等多回轉軸的工具機。

五軸工具機

　　五軸工具機是在X、Y、Z三軸之外追加兩軸的機具，省去重新安裝調整工件位置、擴大加工範圍。關於追加的兩軸位置，常見的例子有工作台的兩旋轉軸。

　　圖10所示的五軸加工機中，固定工件的工作台加入了相對Y軸回轉的B軸、相對Z軸回轉的C軸，以五軸進行加工。

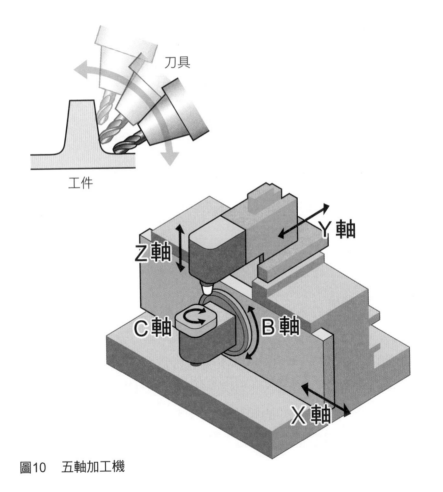

圖10　五軸加工機

⬡ 六軸工具機

　　六軸工具機是除了X、Y、Z三軸之外，利用其中兩回轉軸固定工件的角度位置，再以另一回轉軸控制刀具的方向，使用直角座標與各軸的回轉表示六軸的運動，執行比五軸更高自由度的加工。

　　除此之外，進一步增加軸的**八軸加工機**、結合車床與銑床機能的**複合加工機**、大型的**螺旋槳葉片加工機**、僅加工交通工具零件的專用機等，數控工具機有著各式各樣的種類。

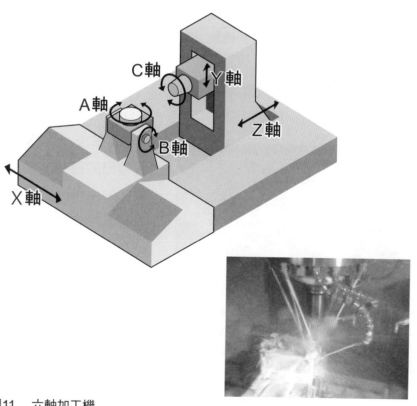

圖11　六軸加工機

產業用機械手臂

工廠現場有著自動運作的無人工具機進行各種加工，其中還有24小時全天運轉的機具。這樣的工具機與機器人有什麼不同呢？

「什麼是機器人？」這樣的問題過於籠統，難以給出一個答案，但若限定於**產業用機械手臂**的話，就有明確的定義。

國際標準規格（IOS）的定義為：**產業用機械手臂是藉由自動控制發揮操作機能、移動機能，根據程式執行各種作業的機械。**另外，日本工業規格（JIS）的定義為：**產業用機械手臂是藉由自動控制發揮操作機能、移動機能，將各種作業程式化後實行，用於產業的機械。**

具備操縱機能的**機械臂**（manipulator），是由相互連結的分節構成，用以抓取、移動對象物（工件、刀具等）的器具。

圖12　產業用機械手臂

簡單來說，**遵從電腦發出的指令，使複數關節如手腕一般運動，執行某項作業的器具，稱為產業用機械手臂。**

也就是說，結合了加工金屬製造零件的數控工具機，與移動、組裝零件的產業用機械手臂，工廠得以建立製造

生產線。

因為機械臂的動作範圍遠比工具機來得大，人類貿然接近的話，頭部可能遭受重擊。有鑑於此，為預防產業用機械手臂造成的勞動危害，厚生勞動省的勞動安全衛生規則中，如下規定了安全教育、運轉、檢查時的危險防治措施。

勞動安全衛生規則摘錄

產業用機械手臂的安全

1. 在動作範圍進行教育等場合的措施
（1）作業規定的作成
　　a. 機械手臂的操作方法及步驟
　　b. 作業中機械臂的速度
　　c. 複數勞動者共同作業的指示傳遞方式
　　d. 異常時的措施
　　e. 因異常停止運轉後，再啟動時的措施
（2）異常時停止機械手臂的措施
（3）作業中的表示方式等

2. 運轉中的危險防止
為防接觸的柵欄、圍欄等措施

3. 檢查等場合的措施
（1）檢查、修理、調整（教育除外）、清潔、給油等場合，封鎖與作業中的表示方式
（2）作業規定的作成（除 1.（1）的 b 除外，其餘內容相同）
（3）異常時停止機械手臂的措施

產業用機械手臂的構成

　　如手腕運動般執行作業的**機械臂**、驅動控制機械臂的**控制器**、教導機械臂動作的**編程器**（教導器），產業用機械手臂由這三項要素構成。

　　機械臂看似簡單的構造，但經由複數關節組合，可動範圍寬廣。這個部分通常由伺服馬達與減速器構成，能決定精密的位置，並設計成執行複雜的動作時，內部的配線也不會糾纏在一塊。

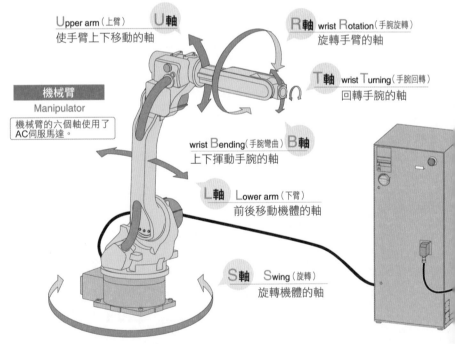

Upper arm（上臂）　U軸
使手臂上下移動的軸

R軸　wrist Rotation（手腕旋轉）
旋轉手臂的軸

T軸　wrist Turning（手腕回轉）
回轉手腕的軸

機械臂
Manipulator
機械臂的六個軸使用了
AC伺服馬達。

wrist Bending（手腕彎曲）　B軸
上下揮動手腕的軸

L軸　Lower arm（下臂）
前後移動機體的軸

S軸　Swing（旋轉）
旋轉機體的軸

圖13　產業用機械手臂的構成（圖片提供：安川電機）

產業用機械手臂的種類

產業用機械手臂依形狀的不同，分成下述種類：

◉ 多關節機械手臂

垂直多關節機械手臂，是具有代表性的多關節機械手臂。軸數進化為四軸、五軸後，現以六軸為主流。軸數愈多泛用性愈高，愈符合替代人工作業的形狀，現已出現如同人類手腕，從肩膀到

汽車組裝熔接機械手臂

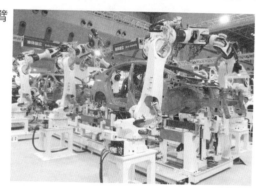

編程器

Programming Pendant

教導機械臂動作

控制器

Controller

綜合控制機械臂的複雜動作

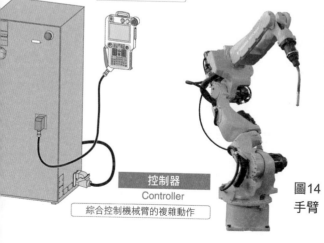

動作愈加接近人類的手臂！

圖14　七軸電弧熔接機械手臂

（圖片提供：安川電機）

手腕有著七個自由度的七軸機械手臂。

　　水平多關節機械手臂是隨著手臂水平移動，擺弧前端的軸可上下移動的多關節機械手臂，又稱為SCARA型機械手臂。由於垂直方向有著高剛性、水平方向有著高柔軟性，廣泛用於零件插入、拴緊螺絲等自動組裝作業。

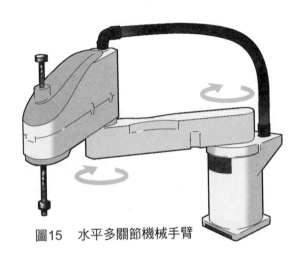

圖15　水平多關節機械手臂

◉ 直交機械手臂

　　直交機械手臂是，由兩軸或者三軸垂直相交的滑動軸組成的機具，用於較小零件的組裝作業等。

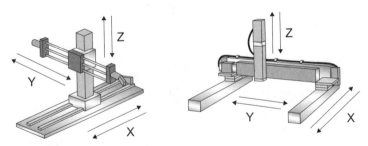

圖16　直交機械手臂

並聯式機械手臂

　　垂直、水平多關節機械手臂稱為**串聯式機械手臂**，與此相對，具並聯構造（parallel link）的機械手臂，稱為**並聯式機械手臂**。

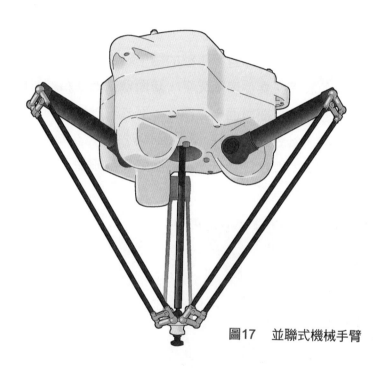

圖17　並聯式機械手臂

　　與串連式機械手臂相比，並聯式機械手臂以輕量的手臂高速動作，提升其在工業上的用途。

　　產業用機械手臂主要用於搬運、組裝，根據工廠的作業內容執行適當的動作，提升其生產性。就工具機自動化的觀點來看，現已投入各種熔接機械手臂，這也值得我們關注。

鏟花作業

決定工具機加工精度的要素之一為工作台的平面度。為使工件表面光平，需使用每次削取1～3μm程度的刮刀，以這樣的鑿狀工具削平表面。

若工具機的工作台不平整的話，製作出來的東西也難有光平的表面。為使表面光平，該面會塗上稱為紅丹的紅色無機顏料，以面與面相互摩合，磨去紅丹殘留的紅色部分。此時，針對三面鏟花，以①面與②面、②面與③面、①面與③面的順序，進行三面磨合鏟花，確保三面皆為光平的表面。

圖18　鏟花作業　（圖片提供：村上精機）

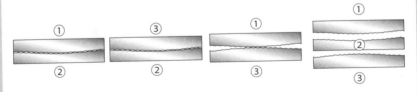

圖19　三面磨合鏟花

第9章
模具

我們身邊周遭的工業製品，凡是大量生產製造的東西多以模具作成。這些模具是什麼樣的器具？又是怎麼製作出來的呢？在本章還可學到以模具作成樹脂製品時經常使用到的射出成型。

什麼是模具？

前面介紹的各種工具機，都是以加工精度、加工速度等為重要指標。當想要製作某樣零件，檢討採取哪種加工法時，即便是同樣的形狀，1小時作成1個與1小時作成100個，兩種工程也會有所不同。

我們都曾對百元商店產生「這個只賣一百日圓嗎？」「這個賣一百日元能賺到多少？」等等疑問吧？大家都知道大量製造可降低生產價格，但這是為什麼呢？

圖1　鯛魚燒的模具

　　其中的秘密在於**模具**。大家有看過鯛魚燒的模具嗎？讀者能想到不使用模具，以相同價格販售鯛魚燒的其他方法嗎？

　　大多數的工業產品，基本上都是一次生產數萬個或者數十萬個。因此，為了追求高精度、高速度的製造，金屬模型的**模具**扮演著重大的角色。

　　模具多是金屬製成的模型，利用材料受到外力變形的性質（塑性），或者熔化凝固的性質（流動性），將材料作成希望的形狀。

　　具體來說，汽車的曲面車身並非技工以工具敲擊，而是以模具壓製金屬板製成。另外，手機外殼等樹脂製品，是將樹脂材料注入模具中製成。

　　模具本身是以堅硬金屬作成，而用於模具成形的製品材料，除了各種金屬之外，也可使用其他材料，像是塑膠、橡膠等。

圖2　模具的用途
（圖片提供：MIYOSHI）

模具的優點與缺點

　　讀者了解模具的用途了嗎？與其他製造法比較，模具有著下述優點與缺點：

優點

- 能夠高精度生產
- 能夠高速生產
- 能夠大量生產降低成本
- 製造上不需熟練的技術

缺點

- 模具的製作需要時間與成本
- 模具的製作需要熟練的技術

　　模具的英文可表為die與mold。壓模（die），是用於汽車車身等薄型金屬衝壓、擠壓金屬塊成形的**鍛造壓製**，或者使用切斷、彎曲部份金屬板的**板金**等，使多餘的材料與製品一體化露出模具外。

　　與此相比，鑄模（mold）是將熔化的材料注入模具容器凝固，或者將材料充填至模型內，待冷卻定形後取出。使用鑄模的代表有**塑膠成形**。

圖3　使用模具製成的機器人Rapiro

3　模具的製造方法

　　模具本身會受到強大的衝擊力，所以需由堅固的材質製成。具體來說，模具多由鐵添加碳、鉻、鉬等**工具鋼**（tool steel）製成。

　　然而，工具鋼難以加工，模具除了切削加工之外，還需經由**放電加工**等工程。下面將說明，模具設計者從模具的設計圖到成形的製造法。

⬡ 切削加工

　　多數模具是使用數控工具機切削加工成形。為提高複雜曲面等加工精度，並盡可能縮短作業時間，會使用容易交換刀具的綜合加工機。另外，除經由切削加工成形之外，大多還需進行研削加工等後加工。

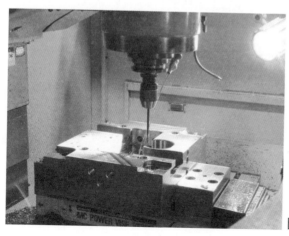

圖4　模具的切削加工

● 放電加工

　　放電加工，是將金屬工件浸入加工液中，藉工件與電極間的放電現象，進行熔融、去除等高精度微細加工的製造法。此製造法能加工過去難以處理的堅硬金屬材料，廣泛用於模具的加工。

　　進行放電加工的工具機稱為**放電加工機**，分為使用工件形狀的電極或者棒狀工具電極的**雕模放電加工機**，與使用金屬細線對工件加工的**線切割放電加工機**。

✖ 雕模放電加工機

　　雕模放電加工機為避免放電火花造成工件的熔融部分飛濺，多於近似煤油的石油類加工液中進行加工。電極使用石墨（graphite）、銅等材料，利用各種工具機加工製成。

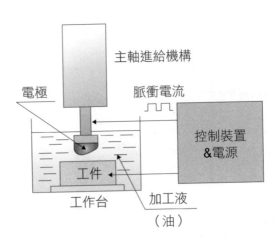

圖5　雕模放電加工

　　將工件置於充滿加工液的工作台，藉與電極間的放電現象逐漸變形工件。此工程不如切削加工般會形成切屑又深具魄力，只能偶爾會看到火花，屬於較平穩的加工。然而，此工程能處理切削難以處理的超硬合金，將電極改為NC控制，還可進行複雜的三次元加工。

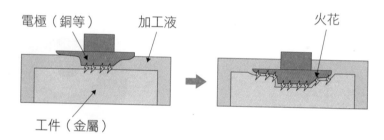

圖6　放電加工的原理

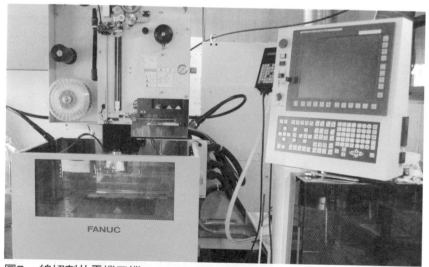

圖7　線切割放電機工機

（審訂註：原文為雕模放電機工機，但圖片上的是線切割放電機工機）

⊗ 線切割放電加工

　　線切割放電加工，是利用浸於加工液中的工件與細線狀的工具電極發生放電現象，用以熔化切割金屬工件的製造法。線切割放電加工的電極線使用直徑0.1～0.3mm的黃銅線作為電極，藉電極線與工件之間的放電現象加工。

　　執行線切割放電加工的工具機，稱為**線切割放電機工機**，用於需要高精密的微細加工。

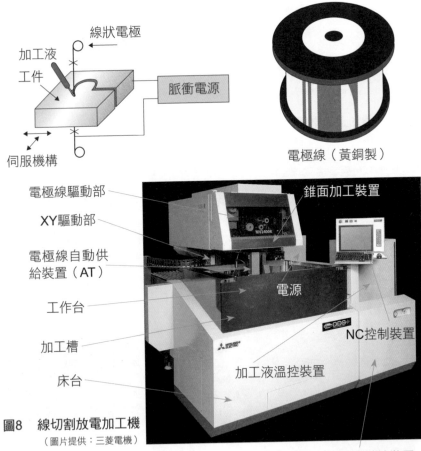

脈衝電源

線狀電極

加工液

工件

伺服機構

電極線（黃銅製）

電極線驅動部

XY驅動部

電極線自動供給裝置（AT）

工作台

加工槽

床台

錐面加工裝置

電源

NC控制裝置

加工液溫控裝置

加工液供給裝置

圖8　線切割放電加工機
（圖片提供：三菱電機）

4 使用模具的生產

經由切削加工、研削加工，以及各種放電加工完成超硬合金的模具之後，終於要進入使用模具的大量生產。此生產也有各種方式，下面將舉出常見的**沖壓加工**與**射出成型**。

沖壓加工

使用模具的沖壓加工，如同第3章塑性加工的介紹，有薄板沖洞加工、折彎加工、成形加工、引伸加工、壓造加工等方式。

沖壓加工用的模具是由固定的下模與可動的上模構成，為使兩者位於正確位置，通常會裝設棒狀的導柱、筒狀的導套等。

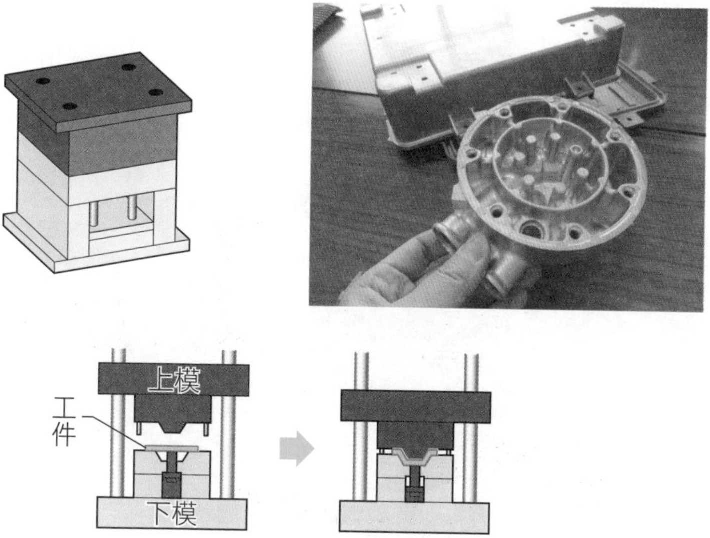

圖9　沖壓加工的模具與製品

● 射出成型

　　射出成型，是將加熱熔化的樹脂材料注入模具內，藉冷卻、固化使製品成形的製造法。射出成型適用於複雜形狀製品的大量生產，我們身邊周遭的樹脂製品多由此方法製成。

　　執行射出成型的工具機，稱為**射出成型機**，由加熱熔化樹脂材料後注入射進模具內的射出單元，與模具開閉的夾模單元構成。

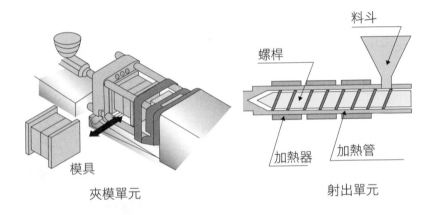

料斗

螺桿

加熱器　　加熱管

模具

夾模單元　　　　　　　　　　射出單元

圖10　射出成型機SE100EV　　　　　　　　　（圖片提供：住友重機械）

第10章
數位製造

近年來，3D印表機、雷射加工機等使用數位工具機的數位製造備受關注。獨自運用數位製造簡單製作物件的個人製造，實現了多種少量的生產。在最後一章，我們將實際接觸這些新趨勢的物件製造。

雷射加工機

什麼是雷射加工機？

　　雷射加工機，是利用集束的雷射光切斷、雕刻工件的工具機。與使用刀具的加工不同，雷射光加工時不接觸工件，因此雷射加工機沒有接觸部分磨耗、劣化的問題，利用數位資料還可進行複雜的形狀加工。

　　雷射加工機也有加工金屬的機型，但近年來，受到人們青睞的數位製造機材是雖不能加工金屬，卻能處理塑膠、木材、紙張、皮革、布帛、橡膠、石頭等材料的中小型機具。

圖1　雷射加工機

◉ 雷射加工機的原理與構成

　　雷射加工中具有代表性的加工方式有，以氣體二氧化碳（CO_2 氣體）為媒介的**二氧化碳雷射**，或稱**碳酸氣體雷射**。

　　其中，雷射是取 Light Amplification by Stimulated Emission of Radiation（受激發輻射的光放大）的字頭，縮寫成 Laser，是高能量密度、直徑約 0.1mm 的集束光線。

　　二氧化碳雷射的原理是，由雷射振盪器發出的雷射光，經由高反射率的鏡面誘導至切斷點，再以凸透鏡聚光切割。

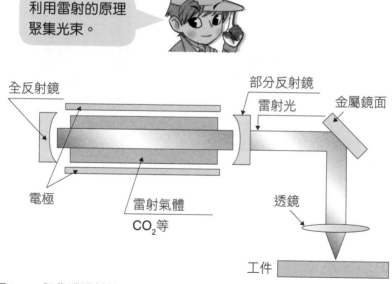

圖2　二氧化碳雷射的原理

雷射加工機除了加工機本體之外，還有**空氣壓縮機**與**集塵裝置**。空氣壓縮機是藉由壓縮空氣，防止雷射照射時的高溫使引火性高的材質起火。集塵裝置的功用是吸聚排出雷射加工材料時產生的各種噴煙、粉塵、臭氣。

　　因此在開始雷射加工之前，必須先啟動空氣壓縮機與集塵裝置。若忽略這個步驟，加工時不但可能起火燃燒，還可能損壞集束用的鏡面。

圖3　集塵脫臭裝置ATMOS MONO
（圖片提供：Trotec Laser Japan）

加工機有著各種附屬機具。

　　除此之外，雷射加工還需要製作電子圖案用的電腦與軟體。

◉ 雷射加工的操作

　　雷射加工機能夠切割、雕刻工件，但作業前需準備目標物件的電子圖檔。下面以準備完電子圖檔為前提，說明雷射加工機的操作。

作業　櫻花物件的製作

①檔案的準備

　　這邊想以雷射加工機製作下圖的櫻花物件。首先，根據準備的檔案分別設定切斷線與雕刻線，依欲加工的工件厚度指定雷射的輸出功率、速度。

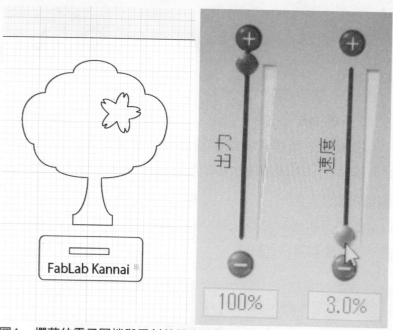

圖4　櫻花的電子圖檔與雷射的設定畫面

②對焦

　　雷射加工機的透鏡各有其適切的雷射強度、與工件的距離，若偏離而沒有對焦的話，會無法確實切斷、雕刻，操作時需謹慎對準焦點。

對焦是非常重要的操作。

圖5　對焦

②加工前的操作

　　根據電子圖檔適當調整設定後，傳送至加工機開始作業。操作前，先開啟輔助空氣壓縮機與集塵裝置的電源，再送出開始的命令。

　　雷射光振盪，光源沿著X軸、Y軸方向移動，開始雷射加工，先行雕刻再行切斷。

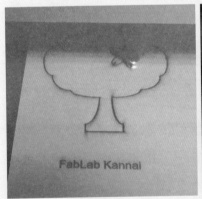

圖6　加工中的模樣

圖7　加工完成

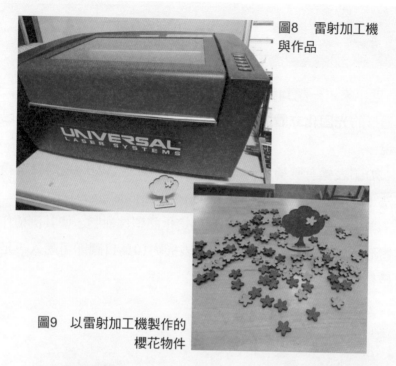

圖8　雷射加工機
與作品

圖9　以雷射加工機製作的
櫻花物件

　　雖然電子圖檔只能輸出平面物件，但藉由組合平面物件，可作成立體的物件。

圖10　以雷射加工機製作的立體動物

3D印表機

　　近年來，一說到數位製造，人們多會聯想**3D印表機**，但三次元造形的**光固化立體造型法（SLA）**一詞，早於1980年代就已經出現。

　　3D印表機有數種不同的形式，近年蔚為話題的是**熔融沉積成形法（FDM）**。FDM是Fused Deposition Modeling的字頭縮寫。

　　熔融沉積成形法，是高溫加熱熔化熱塑性樹脂，使其沉積作成立體形狀的方法。低價位的3D印表機約10萬日圓即可購入，是將來最有可能普及於一般家庭的形式。

圖11　3D印表機（FDM）

● 3D印表機的構成

　　熔融沉積成形3D印表機的基本構成，有用以加熱壓出塑膠樹脂**線材**（filament）的**步進馬達**（stepper motor）、射出機構形成的**擠壓機**（extruder）、使擠壓機沿X、Y、Z三軸方向移動的**齒型皮帶**（toothed belt）、**全螺紋棒**（full thread stock）、**聯軸器**（shaft coupling）、步進馬達作為各軸上的3個驅動源、感知各軸移動界限的限制開關（limit switch）、放置造形物的加熱板、控制整體的控制面板、電源等。

　　理解這些構成之後，讀者也可以自行組裝3D印表機。由開放資源硬體（open-source hardware）作成的3D印表機，稱為RepRap（Replicating Rapid prototyper的略稱），開放的數據任誰都可免費利用，自行組裝、改良。

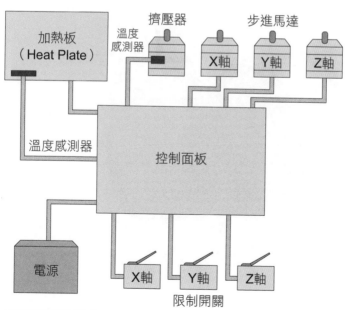

圖12　3D印表機的構成

● 3D印表機的材料

　　熔融沉積成形法在3D印表機的應用中，常見使用的樹脂材料有ABS與PLA，兩者皆為細線狀的**線材**（filament）。市販線材多為直徑1.75mm纏繞成1kg的線軸。

　　比較ABS與PLA，ABS的黏滯性較強，適用於構造零件的成形，但熱收縮較大，沉積時可能因而反曲。另外，熔化的ABS樹脂多不黏貼工作台，需將工作台加熱至100℃來成形。

　　這些材料在擠壓器加熱至220℃左右，經由細噴嘴擠壓出後瞬間黏著，噴嘴直徑多為0.3～0.5mm，0.4mm噴嘴射出的樹脂層厚約0.1～0.2mm。

　　在進行造形時，必須理解沉積是由下半部開始，並掌握哪種形狀適合沉積。

直徑一般多為1.75mm。

圖13　線材

⬡ 3D印表機的輸出

　　3D印表機需要**3D數據**才能製作立體物件。也就是說，活用3D CG、3D CAD等軟體，自行作成目標立體物件的數據。沒有作成3D數據，也就無法製作獨創作品。

　　我們容易認為只要有3D印表機，就能輸出自己想要的物件，但目前製作過程仍存在3D數據該如何製作的問題。想邁入每家1台3D印表機的時代，還需要一段時間才能實現。

　　即便如此，過去製作3D數據的高價軟體現今高性能免費軟體的登場，開發環境的整備變得容易。另外，掃描實物的**3D掃描機**等高性能機具，也成為3D數據製作的方法之一。

　　不管是什麼樣的軟體，都需要一定時間學習基本操作才能駕輕就熟，所以為了作成原創的3D數據，讀者需先熟習某個軟體的操作方式。如欲立刻試用3D印表機，可先於網路上尋找免費的3D數據，下載後嘗試輸出物件。

　　不過，3D印表機噴嘴輸出的微細樹脂，其沉積順序該如何決定呢？

　　初步讀取的3D數據，通常會將描述三次元形狀的數據保存成STL形式的檔案格式。此檔案格式是將三次元形狀的表面，表示成小三角形的集合體。但是，僅以此數據還不足以決定輸出樹脂的噴嘴移動路徑，還需使用另一套**切片軟體**（slicer software）。這套軟體會切割數據，轉換成3D印表機控制碼的G編碼，自動決定一筆成形的順序。

根據讀取STL形式的3D數據，移動、擴大、縮小沉積數據，設定加熱器的溫度、充填率。另外，切片軟體的操作需使用**前端軟體**（front-end software）。

　　充填率是，決定3D數據的內部空間充填多少樹脂的參數。例如，充填率指定10％的話，內部會自動生成填埋10％的六角形蜂狀構造；充填率指定100％的話，內部每個角落皆充滿樹脂，但輸出過於花費時間，所以實際上充填率多設定為10～20％。

　　最後，搭配實際控制馬達、加熱器等韌體，執行3D列印。其實，市面上也有統合這些功能的軟體。

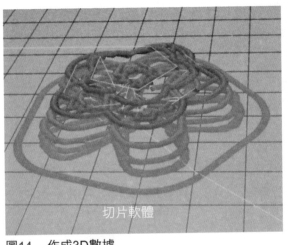

前端軟體
操作切片軟體

切片軟體

圖14　作成3D數據

作業　3D物件的製作

①製作雪人

②製作鬱金香

③製作門松

門松也可由複數零件組合作成。

④製成零件

組合零件完成的作品

製作門松

製作日式點心

哇～原來數位製造是這樣進行製作的，這好像每個人都能輕鬆上手耶！

沒錯！過去對製作東西不感興趣的人，也能輸出自己的作品，也因為這樣，各地增加了許多製作工廠。

聽說最近外面的實驗自造工作坊逐漸增加，但我們學校本身就有這麼多工具機，我真是幸福耶！

沒錯！還在學校就讀的時候，我們應該善用學校的資源，利用這些工具機作出更多不一樣的東西！

　　本書盡可能網羅關於基本機械製造的各種圖片、照片，簡單講解相關內容，各位讀者覺得如何呢？

　　僅靠白紙黑字，難以重現工具機的運作、聲響，所以讀完本書之後，請務必參觀本書介紹的工具機，實際操作這些機具。當漠然看著工具機快速運作，卻不曉得為什麼這樣做時，請再次翻閱本書，重新確認相關的加工原理，加深自身的理解。

　　當然，並非所有人都有幸體驗本書介紹的所有工具機。但是，我們周遭的製品，幾乎都是由這些製造法作成的。因此，事先理解機械製造，不但有助於機械設計，對物件的製造也能有更深層的了解。另外，透過學習機械製造，我們便能了解周遭的東西是如何製作。

　　最近接受參觀教學的地方工廠逐漸增加，網路上也有詳細介紹加工過程的影片。在此，我也推薦讀者走訪機械製造展覽會等展示活動。

　　本書包含了我過去為了執筆本書，訪問各地工廠參觀的成果，對於鑄造工廠的錦正工業股份公司、模具工廠的MIYOSHI股份公司，我在此致上最深的感謝。

門田和雄

國家圖書館出版品預行編目資料

3小時讀通基礎機械製造 / 門田和雄作；衛宮紘譯.
-- 初版. -- 新北市：世茂, 2017.06
面；　公分. -- (科學視界；205)
ISBN 978-986-94562-3-4(平裝)

1. 機械設計

446.19　　　　　　　　　　　106004879

科學視界205

3小時讀通基礎機械製造

作　　者／門田和雄
譯　　者／衛宮紘
審　　訂／蔡曜陽
主　　編／陳文君
責任編輯／曾沛琳
出 版 者／世茂出版有限公司
地　　址／(231)新北市新店區民生路19號5樓
電　　話／(02)2218-3277
傳　　真／(02)2218-3239（訂書專線）、(02)2218-7539
劃撥帳號／19911841
戶　　名／世茂出版有限公司
　　　　　單次郵購總金額未滿500元（含），請加60元掛號費
世茂網站／www.coolbooks.com.tw
排版製版／辰皓國際出版製作有限公司
印　　刷／祥新印刷股份有限公司
初版一刷／2017年6月
　　三刷／2021年3月

I S B N／978-986-94562-3-4
定　　價／300元

KISO KARA MANABU KIKAI KOUSAKU
BY KAZUO KADOTA
Copyright © 2015 KAZUO KADOTA
Original Japanese edition published by SB Creative Corp.
All rights reserved
Chinese (in Traditional character only) translation copyright © 2017by ShyMau
Publishing Company, an imprint of Shy Mau Publishing Group
Chinese(in Traditional character only) translation rights arranged with
SB Creative Corp, Tokyo through Bardon-Chinese Media Agency, Taipei.

Printed in Taiwan

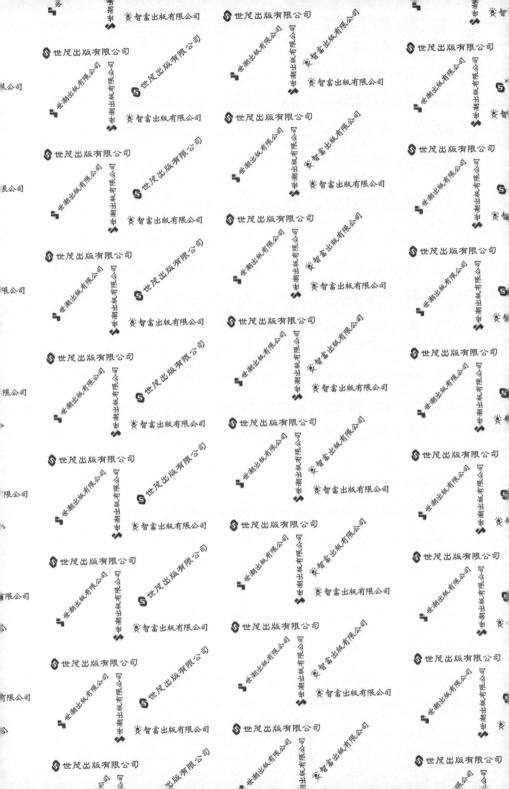

世茂出版有限公司
世潮出版有限公司
智富出版有限公司